高等教育“十二五”部委级规划教材
高等院校艺术设计专业系列教材

家具设计基础

（配课件）

刘静宇 主编

東華大學出版社

内容提要

本书在理论为原则的基础上结合大量图例详细介绍了家具的概念、家具的样式风格、家具的结构工艺、家具的人体功能尺度、家具造型设计、家具设计程序。既有理论指导性，又有设计的针对性，适应性较强；同时每章还设计了合理、实用的实践课题用以锻炼学生的设计思维和能力，符合现代教育的发展趋势。本书既能为高校艺术设计相关专业的学子提供参考，同时还可以启发和培养家具设计人员的创新意识和创新能力。

图书在版编目（CIP）数据

家具设计基础 / 刘静宇主编. —上海：东华大学出版社，

2012.11

ISBN 978-7-5669-0180-4

I. ①家··· II.①刘··· III.①家具-设计

IV.①TS664.01

中国版本图书馆CIP数据核字（2012）第263102号

责任编辑：马文娟

责编助理：李伟伟

版式设计：魏依东

封面设计：李品昌

家具设计基础

主 编：刘静宇

出　　版：东华大学出版社（上海市延安西路1882号，200051）

本社网址：http://www.dhupress.net

淘宝书店：http://dhupress.taobao.com

营销中心：021-62193056　62373056 62379558

印　　刷：苏州望电印刷有限公司

开　　本：889 ×1194　　1/16

印　　张：8

字　　数：282千字

版　　次：2013年1月第1版

印　　次：2013年1月第1次印刷

书　　号：ISBN 978-7-5669-0180-4/J•128

定　　价：39.80元

PREFACE

前言

家具是人类生活中不可缺少的物质器具，社会进步了，家具也随之而发展，它带给人们舒适和方便，提高了人们的工作效率。家具经过数千年的发展，早已不再是简单的功能物品，已经具有了丰富的信息载体的功能，它是一种文化形态，综合体现了社会发展各个历史时期的审美意识、科技水平和功能需求。

家具是室内设计、室内环境中的重要组成元素。家具有其自身的构成规律及设计原则，在空间上它要服从室内环境的整体审美要求，在使用方面它又必须符合功能性原则。

本书共分为六章，在理论为原则的基础上结合大量图例详细介绍了家具的概论、家具的样式风格、家具的结构工艺、家具的人体功能尺度、家具造型设计、家具设计程序。通过引导案例引入每章的知识点；既有理论指导性，又有设计的针对性，适应性较强；同时每章还设计了合理、实用的实践课题用以锻炼学生的设计思维和能力，符合现代教育的发展趋势。希望既作为高校艺术设计相关专业的教学用书，同时还可以启发和培养家具设计人员的创新意识和创新能力。

本书得到马澜、孙文涛、郭晨、冯芬君等的帮助。由于书中涉及的知识面较广，而作者水平有限，不足之处，敬请读者指正。

编者

目录

06 第一章 家具概论 06

07 第一节 家具的概念 07

一、家具的原始概念 07

二、家具设计的精神概念 08

三、家具设计的形体概念 08

四、家具设计的美学概念 08

五、家具设计的技术概念 09

09 第二节 家具与室内的关系 09

一、组织空间 09

二、分隔空间 10

三、填补空间 10

四、塑造空间 10

五、优化环境 11

11 第三节 家具的分类 11

一、按使用功能分类 11

二、按使用场所分类 12

三、按家具材料分类 13

四、按家具结构分类 19

19 本章小结 19

20 第二章 家具的样式风格 20

21 第一节 中国传统家具 21

一、商周时期的家具 22

二、春秋战国、秦汉时期的家具 22

三、魏晋南北朝时期的家具 23

四、隋唐五代时期的家具 24

五、宋元时期的家具 24

六、明清时期的家具 25

34 第二节 外国古典主义家具 34

一、古代时期的家具 34

二、中世纪家具 36

三、近世纪家具 37

40 第三节 西方现代主义风格家具 40

一、19世纪—探索期（1850～1917） 40

二、“二战”时期—形成期（1917～1937） 40

三、“二战”后—发展期（1949～1966） 41

42 第四节 后现代主义风格家具 42

43 第五节 家具设计的发展趋势 43

一、电脑辅助设计 43

二、可持续发展设计 43

三、个性化、多元化设计 44

45 本章小结 45

46 第三章 家具的结构工艺 46

47 第一节 实木家具的结构工艺 47

一、榫卯的结构 47

二、榫卯结合的技术要求 49

三、榫卯接合的种类 50

53 第二节 板式家具的结构工艺 53

一、板式家具的概念 53

二、板式结构家具的制作工艺 55

58 第三节 软体家具的结构工艺 58

一、软体家具的概念 58

二、传统软体弹簧沙发的制作工艺 58

三、现代沙发制作 61

61 第四节 金属家具的结构工艺 61

一、金属家具的材料 61

二、金属家具的连接 63

三、金属家具的制作工艺 63

64 第五节 竹藤家具的结构工艺 64

一、竹藤家具的结构 64

二、竹藤家具构件的制作方法 66

三、处理方式 67

67 第六节 塑料及玻璃家具的结构工艺 67

一、塑料家具的结构工艺 67

二、玻璃家具的结构工艺 69

69 本章小结 69

CONTENTS

71 第四章 家具的人体功能尺度 71

73 第一节 人体尺度 73
73 第二节 支承类家具的尺度（坐卧类） 73
一、坐具的尺寸设计 73
二、坐具类家具的尺寸 78
三、卧具的尺寸设计 79
四、卧具类家具的尺寸 79
80 第三节 凭倚类家具的尺度 80
一、桌面高度 80
二、桌面尺寸 80
三、凭倚类家具的尺寸 81
82 第四节 储存类家具的尺度 82
一、存取物品动作尺度 83
二、各种储存类家具的尺度 84
85 本章小结 85

86 第五章 家具造型设计 86

87 第一节 家具造型的形态要素 87
一、“点”在家具造型形态中的运用 87
二、“线”在家具造型形态中的运用 88
三、“面”在家具造型形态中的运用 91
四、“体”在家具造型形态中的运用 92
94 第二节 家具的质感 94
96 第三节 家具的色彩 96
一、色彩的三要素 96
二、色彩的效应 96
三、色彩在家具上的应用 97
四、家具色彩与室内色彩的关系 100
五、家具色彩应符合不同人群的需求 101
102 第四节 家具造型设计的美学形式法则 102
一、比例与尺度 102
二、对称与均衡 103
三、对比与统一 107
四、节奏与韵律 110
五、稳定与轻巧 111
六、模拟与仿生 112
七、错觉的运用 116
119 本章小结 119

120 第六章 家具设计程序 120

122 第一节 家具设计准备阶段 122
一、设计定位 122
二、市场调查，发现问题 122
三、调查资料的整理与分析 123
123 第二节 家具方案设计阶段 123
一、绘制方案草图 123
二、设计方案的展开 124
三、绘制三视图和透视效果图 124
四、工作模型制作 125
126 第三节 家具方案实施阶段 126
一、完成方案设计 126
二、制作实物模型 126
三、设计制图 126
127 本章小结 127

128 参考文献 128

第一章 家具概论

学习要点及目标

- 本章主要讲述家具设计的基本知识。
- 通过本章学习，了解家具设计的基本概念、家具与室内设计的关系以及家具的分类方法。

引导案例

家具设计属于艺术设计领域，也属于工业设计的范畴，家具展现在人们面前的是一个具有一定形状的物体，这个物体是由形体的基本构成要素组成的，那就是点、线、面、体四个基本要素。

图 1-1 椅子

图 1–1 为椅子的设计，通过对单一形体的连续组合，使之形成有规律的重复，体现出一种带有韵律的美感，单一形体之间用金属连接件连接，各个单体之间可合可分，在整体统一的基础上可呈现出不同的视觉效果，在家具的表面处理上通过不同色相之间的色彩搭配，为这件家具带来了一种有组织的变化的美感。

第一节 家具的概念

设计概念就是反映对具体设计的本质思考和出发点，设计的意义是指设计的内容、意图和意味。设计概念的形成是在从感性认识上升到理性认识的过程中，把握了设计的本质。通过设计者正确的运用和把握，形成不同风格的设计概念。

设计意义则是综合表达了设计的构思，物质材料的选用以及色彩、材质、造型、空间等要素，以直观的形态展现在人们面前的具体造型。

一、家具的原始概念

家具设计的原始概念也可以说是人的本能需求，它更多的表现为“共同性”、“普遍性”和“通用性”。坐具需要具有一定的高度、宽度和深度，储藏类家具需要一定的空间，由此而产生的具有长、宽、高三度空间的形状和造型，我们称之为家具的原始概念。所以说实用性始终是家具设计的基本出发点，如果使用功能不合理，即使造型再美观，也是不能使用的。

二、家具设计的精神概念

所谓精神是指人的意识、思维活动和心理状态，家具设计的使用功能既能包含了物质方面也包含了精神方面，使之可以表述人的情感和情绪。如图 1–2 所示清代紫檀木雕云龙纹宝座，中国传统家具多用硬木（花梨、紫檀、红木等）、大漆等贵重材质，造型端庄、比例适度，再饰以繁琐的雕刻和华丽的装饰，以充分体现皇权的至高无上，这里家具的“精神”功能得以淋漓尽致的发挥。如图 1–3 所示巴洛克风格的家具，采用了花样繁多的装饰，作大面积的雕刻。金箔贴面，座椅上大量应用纺织面料包裹，形式与装饰极为豪华，体现出一种高格调的贵族化式样，给人以精神上的享受。

图 1-2 清代紫檀木雕云龙纹宝座

图 1-3 巴洛克风格的家具

三、家具设计的形体概念

家具展现在人们面前的是一个具有一定形状的物体，是由形体的基本构成要素组成的，也就是点、线、面、体四个基本要素。点、线、面、体是构成家具造型的基本要素，点、线、面是依附于体而存在的，体又是由面组成的，面与面的交接处又形成线，所以在家具造型中，要综合考虑和巧妙处理这些形态，许多家具就是因点、线、面、体之间的配合和处理得当而受人喜爱的。如图 1–4 所示座椅靠背以大量的线性设计元素进行穿插，为椅子的整体造型带来了视觉的突破，而线与线之间的虚空又可以视为整体造型中的“点”，借助实体的线与虚体的点形成“点”与“线”的对比；“虚”与“实”的变化。整件家具在整体的基础上通过不同的设计元素体现出活泼、变化之感。

图 1-4 点、线、面、体是构成家具造型的要素

四、家具设计的美学概念

家具是一种具有实用性的艺术品，既有科学技术的一面，也有文化艺术的另一面。两者的比重随着家具的不同而有时更多地偏重于科学技术或更多地偏重于文化艺术。既然有艺术的特性，作为家具设计者就应当研究和探讨美学在家具设计中的作用和应用，以此逐步提高自身的艺术修养。就家具设计而言则应着重去

研究关于形式美的内容和法则。形式美的内容包括家具的形体美、材料的质感美以及色彩等。形式美的法则主要有：比例与尺度、对称与均衡、统一与对比，节奏与韵律、稳定与轻巧、模拟与仿生等。（详见第五章 家具造型设计）

五、家具设计的技术概念

家具是工业产品，形成一件家具是靠一定的物质材料、以及加工材料时所掌握的技术手段和加工工艺，在一定意义上讲，这些是形成家具的物质技术基础。如图 1-5 所示作品的流线型态超越了传统木材工艺的局限，使材料与先进的加工技术相结合。将高雅与精确、工艺品创造与机械化生产相互联系。虽然设计者和使用者有了很好的构思想法和使用要求，但如果不了解和研究家具制作中的材料和加工工艺，那也只是停留在纸面和口头上。因而家具设计的技术概念是为创作家具服务的。（详见第三章 家具的结构工艺）

图 1-5 空间隔断

第二节 家具与室内的关系

家具是室内设计中的一个重要组成部分。室内设计的目的是创造一个更为舒适的工作、学习和生活的环境，在这个环境中包括着顶棚、地面、墙面、家具及其他陈设品，而其中家具是陈设的主体。

家具具有两个方面的意义，其一是它的实用性，在室内设计中与人的各种活动关系最密切的、使用最多的应该说是家具。其二是它的装饰性，家具是体现室内气氛和艺术效果的重要角色。一个房间，几件家具（是指成套的而不是七拼八凑的）摆上去，基本就定下了主调，然后再按其调子辅以其他陈设品，就构成室内环境。

一、组织空间

在一定的空间环境中，人们从事的活动或生活方式是多种多样的，也就是说在同一室内空间中要求有多种使用功能，而合理的组织和满足多种使用功能就必须依靠家具的布置来实现，尽管有些家具不具备封闭和遮挡视线的功能，但可以围合出不同用途的使用区域和人们在室内的行动路线。如图 1-6 所示为咖啡厅设计，在空间内部利用火车厢式的座位，可以围合出若干个相对独立的小空间，以取得相对安静的用餐环境，但由于多采用相对分隔，保证了视觉最大程度的通透性，这种家具的选择既保证了用餐的独立性、安静性，又保证了空间的流通性。

图 1-6 咖啡厅的组织空间设计

二、分隔空间

在现代建筑中，为了提高室内空间使用的灵活性和利用率，常以大空间的形式出现，如具有共同空间的办公楼、具有灵活空间的单元住宅等。这类空间为满足使用功能的所需通常由家具对空间进行分隔，选用的家具一般具有适当的高度和视线遮挡作用。

在一些住宅中，使用面积是极其宝贵的，如果用自定的隔墙来分隔空间，必将占去一定的有效使用面积。因此利用家具分隔空间，可以达到一举两得的目的。作为分隔用的家具既可以是半高活动式的，如活动屏风，也可以用柜架做成固定式的。这种分隔方式既能满足使用要求，在空间造型上得到极其丰富的变化，同时又可获得许多有效的储藏面积。如图 1–7 所示办公空间，选用了具有适当的高度和视线遮挡作用的隔断式办公家具。赋予每位员工属于自己的小空间，具有打字、写字、电脑操作、文件储藏等功能，同时这种家具减少了大空间的视线的干扰，充分体现了个人的自主性，有利于提高工作效率，同时又不妨碍相互间的联系，适合快节奏高效率的现代工作环境要求。

1-7 办公空间

三、填补空间

在空间组合中，经常会出现一些尺度低矮的犄角旮旯难以正常使用的空间，但选用合适的家具布置后，这些无用或难用的空间就可以利用起来了。如图 1–8 所示坡屋顶住宅中的屋顶空间，其边缘是低矮的空间，我们可以布置床和沙发来填补这个空间。因为这些家具为人们提供低矮活动的可能性，而靠墙的书柜既有装饰性又可做储藏之用。

图 1-8 别墅二楼书房

四、塑造空间

家具的存在塑造了室内空间形态，通过众多家具的精心设计组合就构成了环境。室内设计最基本的内容之一就是家具设计。例如通过一组书柜的设计改变原有的墙体形态，使墙体有了深度方向的层次与变化（图 1–9）；同样是具有睡眠功能的卧室，由于选用的床具类型不同，室内空间的形态构成会产生明显的变化。由此可见，家具形态组织成为室内整体构图中的重要环节。

五、优化环境

当前，追求生存环境的优化已成为时代的主旋律。而家具作为室内环境的一个重要组成部分，除了是人类生活必不可少的物质基础，从不同角度反映人类文明的进步程度外，在设计家具的时候，更要考虑优化环境。将环保因素纳入到家具设计中，将环境性能作为家具设计的目标和出发点，力求使家具对环境产生的负面影响降到最小。如图 1–9 所示是利用废旧报纸设计成能让人坐在上面的一把凳子，这种设计的美丽通过废旧报纸的再利用而创造，没有任何的附加装饰，是环保意识的重要体现。如图 1–10 所示将废弃的木材重新利用，也是一种资源的再生创意。

图 1-9 书架

图 1-9 凳子

第三节 家具的分类

现代家具设计的任务是从使用者的切身利益出发，帮助人们创造更美好的生活。随着人们生活的不断变化以及家具的进一步发展，其分类界限趋向模糊，使得家具的种类多样化、造型风格多元化。因此，从多角度对现代家具进行分类十分必要，以便人们对家具体系形成一个较为完整的认识。

一、按使用功能分类

按照使用功能分类，即按照家具与人体的关系和使用特点进行分类。

（一）支承类家具（坐卧类）

支承类家具又称坐卧类家具，包括椅、凳、沙发、床等。满足人们坐、卧、躺等行为要求，能支撑人体活动的家具。它是家具中最古老、最基本的家具类型。支承类家具是与人体接触面最多、使用时间最长、使用功能最多的家具类型，造型也最为丰富（图 1–11）。

图 1-10 拯救你的旧椅子

图 1-11 珐琅绣墩

小贴士：珐琅制品是使用金、银、铜等金属制胎，将石英、长石、硼砂等矿物质配制成的珐琅釉料细磨成粉状颜料，在金属胎上绘彩部分（俗称开光部分）事先设计好的图画，然后放入高温窑炉中经800° 炉火反复多次高温烧结，最后出炉一件精美的珐琅艺术品。珐琅色彩非常绚丽，具有宝石般的光泽和质感，耐腐蚀、耐磨损、耐高温，防水防潮，坚硬固实，不老化不变质，历经千年而光色不变。

图 1-12 趣味桌

图 1-13 现代书架

（二）凭倚类家具

凭倚类家具是与人们工作方式、学习方式和生活方式发生直接关系的家具。如书桌、餐桌、电脑桌、写字台、讲台、几案等。同时此类家具还兼有陈放、贮存物品的功能，如写字台的脚柜、抽屉可以贮存一些学习用品和书籍资料；餐桌台面可以放置物品等（图 1–12）。

（三）储存类家具

存放物品用的家具，如各种储物柜、书架、衣柜等。这类家具与人体产生间接的关系，所以在设计中还是要考虑一人体活动的范围来确定尺寸和造型。如图 1–13 所示现代书架设计，通过直线形金属组成家具的主体框架，颇具现代感，内部的柜体通过通用式的金属连接件与主体框架相连，工艺简单，有利于标准化生产。同时可根据个人情况变换悬挂位置，既体现了实用性，同时又体现了造型的节奏感和多变性。实体的柜体与樘板之间形成了形体的虚实变化。对比强烈的色彩使整件家具的形体突出。

（四）其他类

如屏风、衣帽架等。

二、按使用场所分类

现代家具的使用范围已经有了极大的拓展，它们已经从传统的“家居”环境中延展开来，被广泛的使用于各种公共场所甚至户外，这里根据家具的不同使用场所进行分类。

（一）民用家具

在家庭环境中使用的家具，是与人们日常生活紧密相关的家具，也是类型最多、品种复杂、样式丰富的基本家具类型。其设计受使用者的特定要求、个性与状况制约。按照住宅空间的不同可细分为客厅家具、儿童家具、卫浴家具、整体厨房家具等。

（二）公共家具

在特定的环境中使用的家具，如办公家具、商业家具、剧院家具、会展家具、医院家具、旅馆酒店家具等。追求整体艺术效果，常采用高强度、耐磨损材料，易拆装组合（图 1–14）。

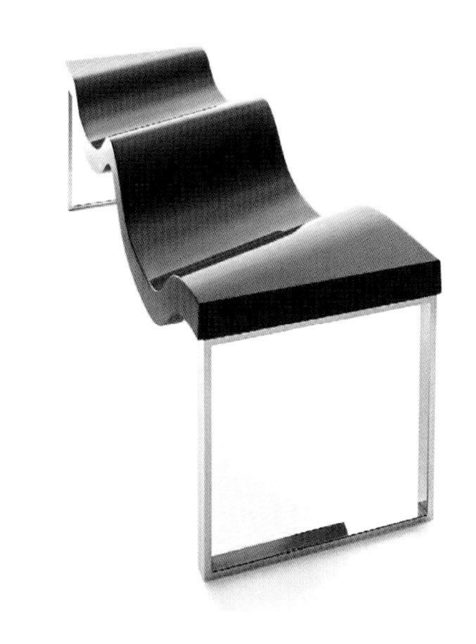

图 1-14 公共座椅

（三）户外家具

泛指供室外或半室外的阳台、平台使用的桌、椅等家具。要求与外环境的风格和功能相结合，具有抗拒外界气候条件的特性。如图 1–15 所示简洁而富于创意和环境艺术的设计方便了用户在围栏两侧同时使用和互动，可以在优美、舒适的环境下聚会和聊天。

图 1-15 操场围墙

三、按家具材料分类

不同的材料有不同的性能，家具可以用单一的材料制成，也可以由多种材料制成，这里按照构成该家具的主要材料来分类。

（一）木质家具

木质家具在人类家具的文化中，占有重要的一席之地。木材具有天然的纹理，表面可涂饰各种油漆，可以制作出各种不同的风格和造型，再加上木材导热慢，有一定柔韧性，因而手感、触觉都很好，并成为家具设计的首选材料。常见木质家具有板式家具、实木家具和曲木家具（图 1–16~ 图 1–18）。

图 1-16 板式家具

图 1-17 实木家具

图 1-18 曲木家具

图 1-19 多功能凳子

图 1-20 现代沙发

图 1-21 竹椅

（二）玻璃家具

玻璃是一种人造材料，具有光滑透明的材质美感。玻璃家具一般采用高硬度的强化玻璃，其清晰度高出普通玻璃 4~5 倍。高硬度的强化玻璃坚固耐用，能承受常规的磕碰挤压，而且能承受和木质一样的重量。同时还可以与金属、木材等相结合，以增加家具的装饰性(图 1–19)。

（三）软体家具

软体家具主要是指以海绵、织物为主体的家具，包括休闲布艺、真皮、人造革等覆盖的沙发、软床等。由于这类家具内部构造相对柔软，与其他种类的家具相比，具有更强的舒适度。如图 1–20 所示沙发外部支撑采用了打孔钢板、钢管架构，座面与靠背运用了织物与皮革相结合，粗狂的外部构架与多变的座面和靠背形成直曲的对比，使此款沙发呈现出时尚与现代感，充满了造型感。

（四）竹藤家具

以天然的竹材和藤材为原料制作的家具。竹藤取之于自然，绿色环保。竹藤家具表面光滑、质地坚韧、透气性好、纯朴自然，给人以清爽宜人的感觉。另外，通过不同的编制手法，可以形成不同的纹饰造型，具有很高的观赏性和装饰性 (图 1–21，图 1–22) 。

图 1-22 藤制家具

（五）塑料家具

以塑料为主要原料，经过注塑成型，可生产出各种造型奇特的家具，而且色彩丰富。塑料家具常使用金属做骨架，成为钢塑家具。如图 1-23 所示塑料坐椅的造型模拟人体坐姿，造型夸张，艺术性强，但在实用上有一定的局限性，因为人体是经常运动的，而此款座椅的靠背以及坐面限制了脊柱和臀部的活动，使人们调整坐姿受到一定的局限性。此款坐椅的设计主要突出了其造型的装饰性与趣味性。

（六）金属家具

以各种金属为主要材料（如钢、铁、铝合金等）制造的家具。由于金属家具采用机械化生产，精度高，表面可电镀、喷涂、喷塑，加之金属强度高，因而可制造出造型现代、挺拔，工业化味道非常浓的家具，突破了木质家具的造型风格。如果在与其他材料相搭配（如玻璃、塑料、皮革等），往往令人耳目一新，满足人们的求新、求奇的审美爱好。如图 1-24 所示整件作品由一张钢板一气呵成，十足的刚性被富有弹性的曲面柔和了，紧贴脊梁又能随意摇摆的椅背，连接着小小的轮子，这些细节足以让这把椅子在冷酷的外表下，藏着一颗细腻的心。

（七）石材家具

石材是一种质地坚硬的天然材料，给人的感觉高档、厚实、粗犷、自然、耐久。天然石材的种类很多，在家具中主要使用花岗石和大理石两大类。

在家具的设计与制造中天然大理石材多用于桌、几、台案的面板，发挥石材的坚硬，耐磨和天然石材肌理的独特装饰作用。同时，也有不少的室外庭园家具，室内的茶几、花台等全部用石材制作。人造石材是近年来开始广泛应用于厨房，卫生间台板的一种人造石材，以石粉，石渣为主要骨料，以树脂为胶结成型剂，一次浇铸成型，易于切割加工，抛光，其花色接近天然石材，抗污力、耐久性及加工性、成型性优于天然石材，同时便于标准化部件化批量生产，特别是在整体厨房家具整体卫浴家具和室外家具中广泛使用。如图 1-25 所示通过对动物的模拟设计家具的形体，材料选用粗犷的石材并采用雕塑的手法对形体进行塑造，整件家具艺术感极强，即可陈设于室内，以增加空间的情趣，又可置于室外与周围的自然环境融为一体。

图 1-23 塑料座椅

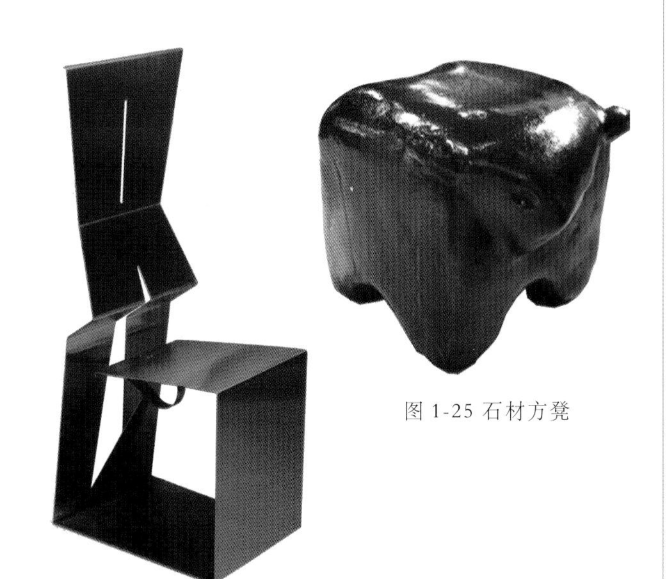

图 1-24 金属椅

图 1-25 石材方凳

图 1-26 统一采用“三合一”连接件对书架进行连接

图 1-27 统一采用金属挂钩把家具的外框与内部的樘板进行连接

图 1-28 折叠式小沙发

四、按家具结构分类

（一）框架式家具

传统家具都是框架式结构形式，以榫卯、装板为主，结构坚固、耐用。这类家具均使用实木，对木材要求较高。

（二）板式家具

凡主要板材均由各种人造板作为基材的板件构成，并以连接件接合起来的家具称为板式家具，这类家具具有拆装灵活、利于运输、便于保养等特点。同时板式家具大大提高了木材资源的工业利用率，对实现家具的自动化提供条件。

（三）通用部件式家具

所谓通用部件式家具，就是使不同家具的部件的规格尽量统一，以求用较少规格的统一部件，装配出较多式样的家具品种。如板式家具中的“三合一”连接件。凡应用通用部件的家具统称通用部件式家具。采用这种方法，一方面可以使家具品种不致太简单，另一方面可以减少部件的规格，为自动化生产创造条件（图 1–26，图 1–27）。

（四）折叠式家具

折叠式家具造型简单、使用轻便。折叠式家具多采用椅面活动式，适合礼堂剧院等公共场所使用，也采用椅面、椅腿连接活动式，适合家庭使用，尤其住宅面积小的地方最为适用。另外，它还便于运输，所以经常变换使用地点的家具也采用折叠式（图 1–28）。

（五）充气式家具

充气式家具除色彩艳丽、造型独特有趣外，在需要移动或搬家时，将内部气体放出后可以很方便地带走，轻巧便捷。充气式家具摆脱了传统家具的笨重，室内外可随意放置。充气家具价格往往比较低廉，一般寿命在 5~10 年。尽管充气式家具容易被尖锐的物体刺破，但每一件充气家具所附赠的修补特制胶水和有关材料，已解决了用户的后顾之忧（图 1–29，图 1–30）。

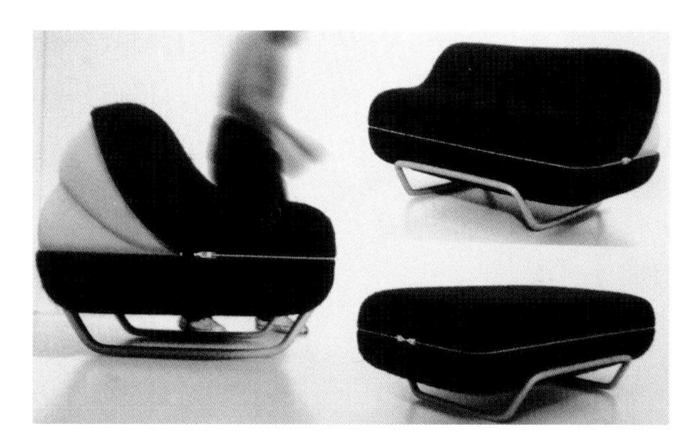

图 1-29 充气式家具

图 1-30 可充气的环形口袋，海边、青草地随时可以舒服的陷入

（六）多用式家具

对某些部件的布置稍加调整，就能有不同用途的家具，称为多用式家具。由于这种家具能一物多用，所以对于住房面积较小的使用者比较适用。但是由于考虑多用，所以结构比较复杂，有些要采用金属铰链。多用式家具多为两用或三用。用途过多，结构就会过于繁琐，使用时也变得不方便了（图 1–31）。

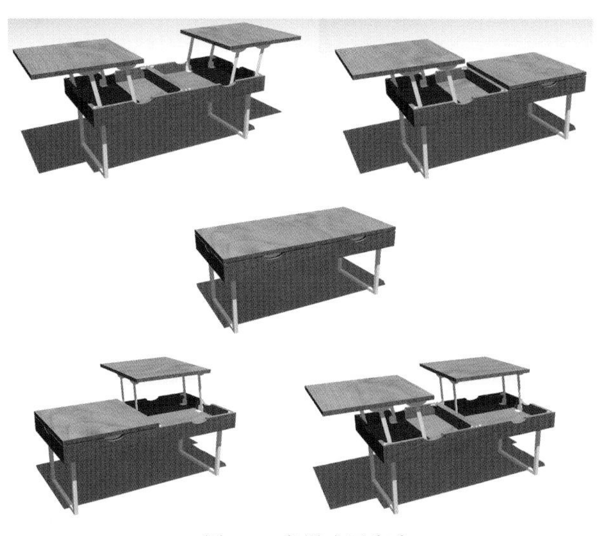

图 1-31 多用式写字台

（七）组合式家具

由具有一定使用功能的单体家具组合而成。重新组合以后，便以一种新的形式和新的使用功能展现在人们面前，更适宜使用者的需要。可根据使用的环境要求随意组合成各种不同的形式。如图 1–32 所示为一组组合家具，既可以单独陈设，又可相互间任意组合，形成不同的形体造型，为空间带来不同的变化。从中我们可以看出组合家具与单体家具比较，具有以下几个特点：第一多用性：组合家具是由几个具有不同使用功能的单元组合在一起的，因而能满足多种用途。第二随意性：在设计时由于充分考虑到各种的组合可能性，因而在具体布置房间时，可以因地制宜，具有一定的自由度，更好地满足使用的需要。第三有效地节省室内空间：由于各种不同用途的个体有机地组合在一起，相对地减少了占地面积。第四搬运方便：城市住宅多为单元式高层楼房，组合家具的每个单元具有体积小、重量轻的特点，因而比较灵活，搬运方便。第五造型变化多样，整体效果好，丰富了室内的艺术效果。

图 1-32 组合式家具

图 1-33 拆装式家具

（八）拆装式家具

拆装式家具是根据不同的使用功能和产品规格以及组合形式的变化加工成规定系列、规格部件，家具各部件之间采用连接件完成，家具可进行多次拆卸和安装。消费者可根据个人喜好，选择不同类型的家具部件，回家按图纸和说明进行装配。拆装式家具具有生产工艺简单、部件标准化、系列化、便于运输和包装等特点（图 1–33）。

本章小结

本章主要通过案例分析阐述了家具的基本概念，并对家具的各个类型进行了分析，使读者对家具有一个感性的认识，并且通过与室内的结合使读者了解到家具在室内空间中所起的作用。

复习思考题

1. 家具的概念包括哪些方面?
2. 家具与室内的关系?

课堂实训

1. 举例说明家具在室内环境中的作用。

要求：根据家具与室内的关系，利用家具重新组织空间，既要体现出空间的层次，又要体现出家具的装饰性与实用性。

2. 论述家具设计的分类方法是以什么作为依据的，并简述它们的特点。

第二章 家具的样式风格

学习要点及目标

- 本章主要讲述不同时期中西方几个具有典型代表性的家具特点及未来家具设计的走势。
- 通过本章学习，了解不同时期中西方家具的形成及特点，理解各个时期不同民族文化下家具在造型、材料、工艺以及装饰手法上的区别，掌握历史典型时代的家具样式与装饰手法并对未来家具设计的方向有一定的认识了解。

引导案例

风格是不同时代的思潮和地域特质透过创造性构想和表现，逐渐发展成为代表性的家具形式。一个成熟家具风格的形成往往具备三方面的特征：一是独特性，就是具有与众不同、一目了然的鲜明特色；二是一致性，就是它的特色贯穿于它的整体和局部，直至细枝末节，很少有芜杂的、格格不入的部分；三是稳定性，就是它的特色不只表现在几件家具上，虽然它的类和型不同，但总是表现在一个时期内的一批家具上，形成一个完整的式样风格。

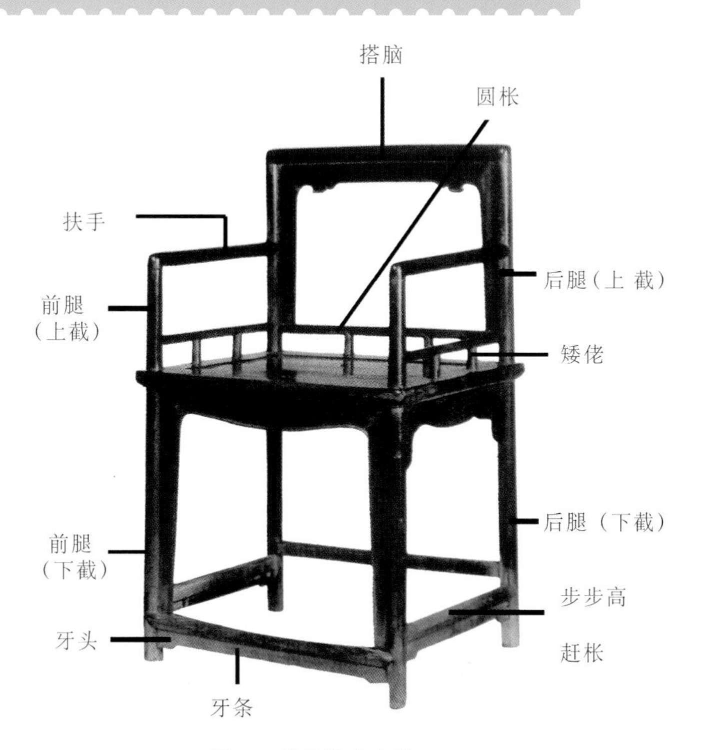

图 2-1 黄花梨玫瑰椅

图 2-1 为明代黄花梨玫瑰椅，靠背镶有券口，三面券子下部有圆枨加矮佬，正面壶门有膛肚，直腿圆足，腿间按步步高赶枨，迎面枨及两侧枨下安有牙条。为明式家具的基本形式。

第一节 中国传统家具

中国的传统家具的发展约有 3500 年的历史，它经历了自席地而坐的低矮家具到垂足而坐的高型家具的发展过程，直至明清时期，创造了传统家具灿烂辉煌的成就，并对世界各国的家具艺术产生了不可估量的影响。

在中国古代，人们的生活方式决定了家具的发展方向。商、周、秦、汉、魏、晋时期人们席地而坐，因此家具多为低矮型；到了唐朝，人们的生活方式发生了变革，开始坐高，双足悬起，中国的垂足家具逐渐兴起；后经五代十国至宋代逐步完善，制作工艺也基本成熟；到了明清，中国家具进入鼎盛时期，其优良的材质、纯熟的工艺和雕刻都是前朝所无法相比的。

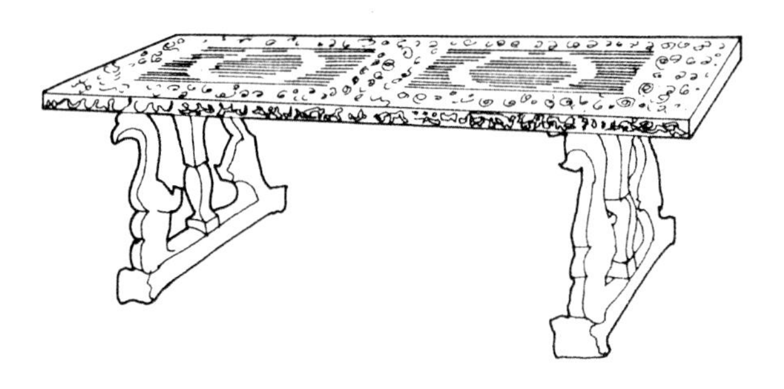

图 2-1-1 彩绘书案

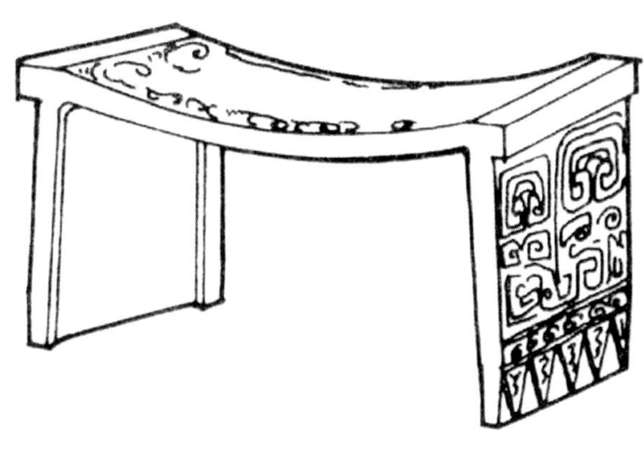

图 2-3 铜俎

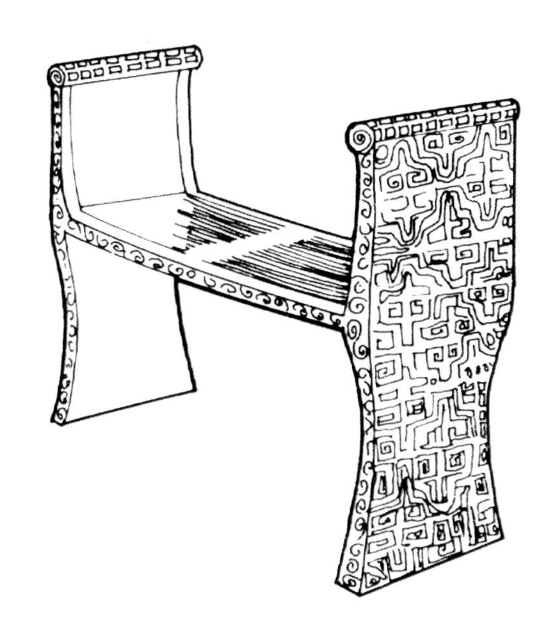

图 2-4 战国黑漆朱绘回旋纹几

一、商周时期的家具

“席地坐”包括跪坐，可追到公元 16 世纪的商代，距今已 3700 年，由于当时人们习惯席地而坐，所以当时的家具都很矮，这与当时的生活习惯有关，这时是中国低矮家具的形成时期，其特点是造型古朴、简洁，用料粗壮（图 2-2）。

商周时期是我国青铜器高度发达的极盛时期，从这一时期出土的青铜器中可以看到商周时期的家具样式。如图 2-3 所示“俎”，俎是当时人们在祭祀时的重要摆放物件，既能放置牲畜，也可以放置其它祭祀物品，是几、案、桌等家具的雏形。

青铜器中的“禁”也是一种祭祀的礼器，实际上就是家具中的台，是箱、橱、柜的最早母体。在商代，造车技术已经日趋成熟，建筑规模也相当宏伟，木工技术已经达到较高的水平，这些成就直接或间接地影响了家具的制作，促进了家具的发展。

二、春秋战国、秦汉时期的家具

西周以后从春秋到战国直至秦灭六国，建立历史上第一个中央集权的封建帝国，是我国古代社会发生重大变革的时期，是奴隶社会走向封建社会的变革时期。奴隶的解放促进了农业和手工业的发展，铁制工具的出现（如斧、锯、凿等）并得到普遍使用，为榫卯、花纹雕刻的复杂工艺提供了有利条件。

春秋战国时期，人们的室内生活虽仍然保持着席地而坐的习惯，但家具的种类已有很大发展，榫卯结构已经出现。几和案成为春秋战国时期新型的家具，尤其是漆案在当时非常流行。髹漆和彩绘是春秋战国时期家具的主要特色。如图 2-4 所示战国黑漆朱绘回旋纹几。色彩艳丽，以黑第为主，并配以红色彩绘图案，朴素而又华美，是漆家具全盛时期的序幕，也是我国现存古代家具中罕见的实物珍品。

秦汉时期是我国低型家具大发展的时期。我国传统家具的类型在春秋战国时期的基础上发展到床、榻、几、案、屏风、柜、箱和衣架等。由于丝绸之路的开通和对外贸易与交流的日益频繁,经济的繁荣对人们生活产生了巨大影响,随之家具制造起了很大的变化。汉代的柜型则犹如带矮足的箱子，门向上开，体型较大，有一定的容量，装饰纹样增加了绳纹、齿纹、三角形、菱形、玻形等几何纹样以及植物纹样。汉代的屏风多是两面形与三面型，围在床的后方或床上两侧。如图 2-5 所示长沙马王堆出土的矮足漆案，四角仅 2cm 的矮足，是矮型案的代表,家具上髹有彩绘,是汉代家具的主要特征。

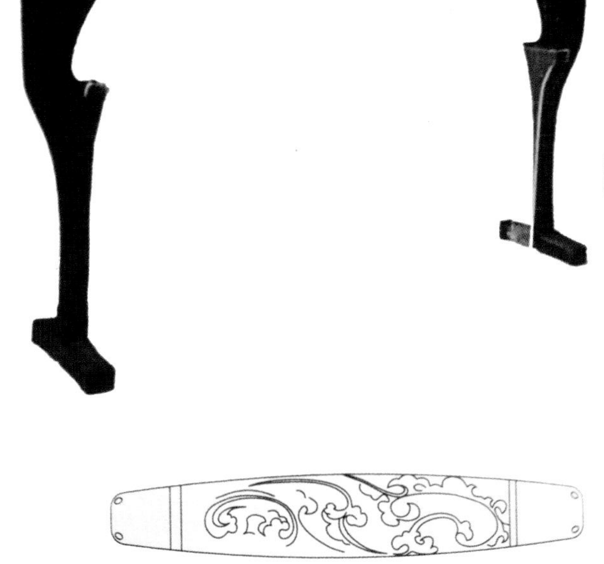

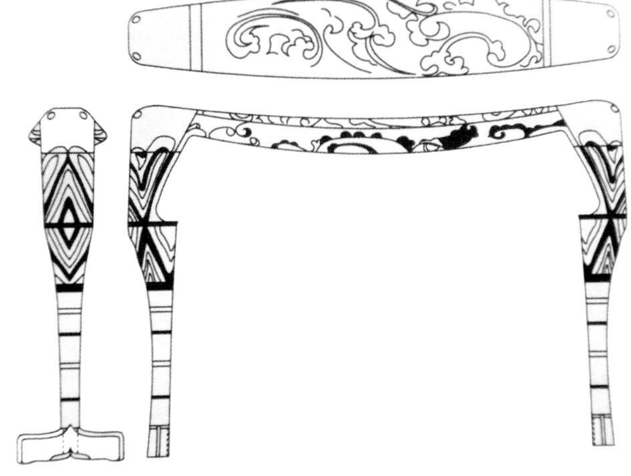

图 2-5 西汉漆器彩绘木桌

三、魏晋南北朝时期的家具

魏晋南北朝至隋唐五代是我国低型家具向高型家具发展的转变时期。魏晋南北朝是我国高型家具的萌芽时期，椅、凳、墩等高型坐具方便，实用，改变了人们席地而坐的起居方式。魏晋时期的生活方式仍以床为中心，并开始增高加大,既可以坐在床上,也可以垂足于床边(图 2-6 ）。也有设屏风的 (图 2-7 ）。床上设帐，上部可加床顶，四周以可折叠的单面或多面式的矮屏在当时十分流行。

图 2-6 魏晋南北朝时期的床

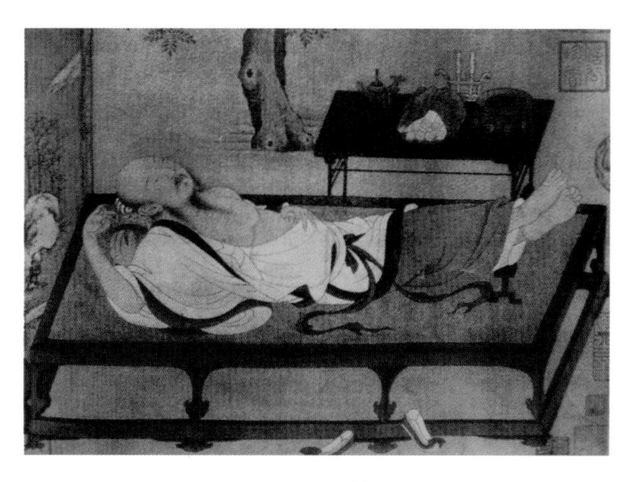

图 2-7 屏风榻

图 2-8 《韩熙载夜宴图》 局部

图 2-9 唐代 圆椅

图 2-10 宋 苏汉臣秋庭戏婴图

四、隋唐五代时期的家具

隋唐时期是中国封建社会前期发展的顶峰。人们席地而坐与使用使用床榻的习惯仍然广泛存在，但垂足而坐的生活方式逐步普及全国，出现了高低家具并存的局面。高型家具在品类上已基本齐全，家具阵容初现规模，椅子的种类开始增加，凳类的形式也较为丰富。高型桌案的出现也是这一时期家具的特点之一。几、案等家具由床上移至地下，高度也相应的增加，高型坐具的已经代替了凭几。如图 2–8 所示《韩熙载夜宴图》局部图，从画卷中可以看出，当时已有长桌、方桌、长凳、靠背椅、扶手椅、圈椅、床等家具。高低家具处于并行发展的时期。如图 2–9 所示椅座面为半圆形，固定在如意云头状弯脚和牙板构成的脚架上。圈椅造型厚重、典雅、优美。

总之，唐代家具在形式上崇尚富丽华贵、家具宽大厚重、浑圆丰满，有稳重之感。家具用材包括紫檀、黄杨木、沉香木、花梨木、樟木、桑木、桐木等，此外还应用了竹藤等材料。而到了五代时期，家具风格变唐代家具的厚重为轻便，变浑圆为秀直，对唐代家具进行了改进与发展，成为宋代家具简洁、朴实新风格的前奏。

五、宋元时期的家具

宋、辽、金至元垂足而坐的生活方式已成为社会普遍的起居方式。为适应这种生活方式，大批新的家具陆续出现，是我国高型家具大发展时期。桌、椅、凳等家具在民间已十分普及，并且有所发展，演变出圆形和方形交几、琴桌等新型家具。北宋《营造法式》的刊印颁发，影响了家具的造型和结构，出现了一些突出的变化。大量引用装饰性的脚线，极大丰富了家具的造型。桌面下采用束腰结构也是这个时期兴起的，桌椅四足的断面除了方形和圆形以外，有的还做成马蹄形，呈现出整体挺直、秀丽的特点。这些结构、造型上的变化，都为以后明、清家具的成就打下了基础。如图 2–10 所示宋代苏汉臣《秋庭戏婴图》，图中两只鼓墩表面用的是大漆嵌螺钿的工艺，这种装饰工艺非常复杂费时，先要找到合适的螺钿，白的、五彩的，再加工成薄片，再煮软，再一片片镶嵌到家具大漆的表面。大漆嵌螺钿工艺在中国古代长期使用，这样的家具在当时也是高档家具。如图2-11所示的琴桌不像一般用桌，它的桌面狭而长，桌面下沿有雕花板装饰。雕花板由双横枨支撑，横枨两脚也有角牙，整件家具造型挺直、秀丽。

图 2-11 宋徽宗 赵佶《听琴图》局部图

六、明清时期的家具

这个时期的家具，不论硬木家具还是木漆家具，甚至是民间的柴木家具，都以它造型简洁、结构合理、线条挺秀舒展、比例适度、不施过多装饰的那种素雅端庄的自然美而形成独特的风格，博得人们的赞赏，赢得国际的声誉。

（一）明代家具

1. 选料之美

明代家具充分利用木质材料纹理天然之美，不加掩饰。明代家具使用的木材极为考究，有黄花梨、紫檀、楠木等，由于明代多采用这些硬质树种作家具，所以又称硬木家具（图2-12）。

黄花梨

紫檀木

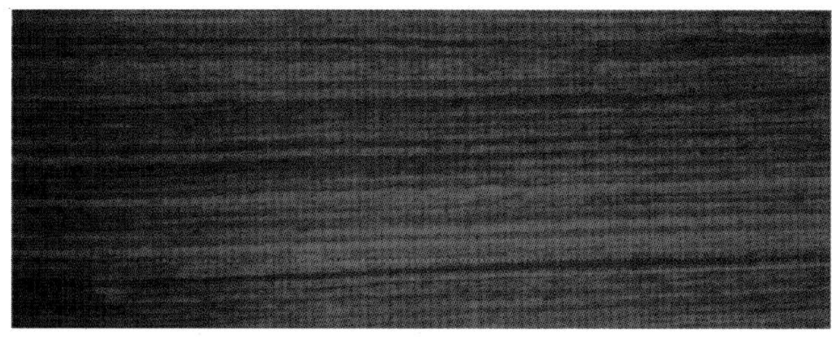
楠木

图 2-12

明代家具的一大特色是在制作家具时充分显示木材纹理和天然色泽，不加油漆涂饰，表面处理用打蜡或透明大漆。全身披灰抹漆达七铺十四道工序之多，反复进行磨、披的交替操作，颇具柔光润泽的装饰效果。有的还使用木贼草（节节草）或砂叶植物的叶子来打磨细滑，以达到纹理清晰、暗红透亮的效果，还有用蜡饰的，即采用透明的蜂蜡和树蜡在素底表面摩擦，使木质的天然纹理更加透彻鲜润，呈现出硬木家具朴素简雅的风采。

2. 造型之美

明代家具多采用简洁的造型线条，线条变化不多，但有力，精细而耐看，比例适宜，使线条形成“直”与“曲”的变化。如家具的脚多采用方脚和圆脚，边框多用卷口，这样使造型在整体上得到一种简洁、明快，不加堆饰和虚饰，同时也有丰富的造型内容。

图 2-13 明式圈椅

雕刻装饰通常是以小面积的精致浮雕或镂雕，点缀于部件的适当部位，构图灵活、形象生动、刀法圆润、层次分明，并与大面积的素底形成强烈对比，使家具的整体显得简洁明快。如图 2–13 所示明式圈椅。圈椅椅腿的直线与椅圈的曲线形成强烈对比，使各自的线性特征更为突出，但又通过腿的圆形界面与主圈产生内在联系。靠背板与两侧镰把棍都设计成较大曲率的优美曲线，是主圈曲线在垂直方向的衬托。作为视觉中心的靠背上的镂雕的装饰，更有点缀作用。

3. 工艺之美

明代家具用榫进行固定，又明榫、闷隼、半榫、燕尾榫等，在制作上讲究工细，又加强家具的牢固性，使家具内外形成完美。

图 2-14 明代 榉木开光架子床

4. 明式家具的种类

明式家具按其使用功能可分为卧具类（床榻）、坐具类（椅凳）、几案类（几、桌、案）、存贮用具类（橱、柜）、屏蔽用具类（屏风）、悬挂及承托用具类（台架）六个门类。

(1) 床榻类

床榻主要用于躺卧和睡眠，分为架子床、拔步床、罗汉床三种。如图 2–14 所示明代榉木架子床，床通体用榉木制成，床面四角分别立有圆柱，与门边两圆柱合为六柱，因此也称之为六柱床。以六柱支撑顶架，柱之间有楣板及床围子相连，前后楣板为五格，左右三格，每个皆有委角的长方形开光。柱下端除前脸的门边外，只有两块围栏，其它三面的围栏与上楣板一一对应，只是由于围栏大于楣板的尺寸，故栏板的开光也宽出许多，床下有束腰，鼓腿膨牙，内翻马蹄，整个器物无一分雕刻的图案，光素简洁，用料硕大而显稳重，开光秀气，是一件上乘之作。如图 2–15 所示此拔步床为十柱式，周身大小栏板均为攒海棠花围，垂花牙子亦镂出海棠花，风格统一，空灵有致，装饰效果极佳。如图 2–16 所示明代紫檀藤面罗汉床，此床通体由紫檀木制成，席心床面，面下有束腰，

图 2-15 拔步床

鼓腿膨牙，内翻马蹄，直牙条，通体光素无雕饰，面上三面围栏，前低后高，分七段镶大理石心。石心有天然黑白相间的山水云雾花纹，体现出凝重肃穆的气质和风度，具有浓重的明式风格。

图 2-16 明代紫檀藤面罗汉床

(2) 椅凳类

①椅类

椅类家具在明代的发展可谓辉煌鼎盛，种类繁多，有交椅、圈椅、官帽椅、玫瑰椅等。样式繁多，造型新颖别致，表现形式多种多样。如图 2-17 所示明代黄花梨交椅，交椅为罗圈状靠背扶手，除踏足板式枨子选用金属外，其它部位只用铜作加固或装饰，结构精巧，突出的是木材的天然丽质，红紫润光。如图 2-18 所示为明式黄花梨四出头官帽椅，四出头官帽椅在明代特别流行。此椅靠背板光素无纹，扶手平直，券口牙子线条流畅优美。利用木质本身纹理充分展现了四出头官帽椅的大方之美。

图 2-17 明代 黄花梨交椅

②凳类

凳类则有方凳，条凳，圆凳，春凳、绣墩等。方凳有长方和长条两种，长方凳的长、宽之比差距不大，一般统称方凳。长宽之比在 2:1~3:1 左右，可供两人或三人同坐的多称为条凳， 圆凳造型墩实凝重。三足、四足、五足、六足均有，以带束腰的占多数，三腿者大多无束腰，四腿以上者多数有束腰。圆凳与方凳的不同之处在于方凳因受角的限制，面下都用四足。而圆凳不受角的限制。最少三足，最多可达八足（图 2-19，图 2-20）。

图 2-20 明代 黄花梨八足圆凳

图 2-19 明代 黄花梨长方凳

图 2-18 明代 黄花梨四出头官帽椅

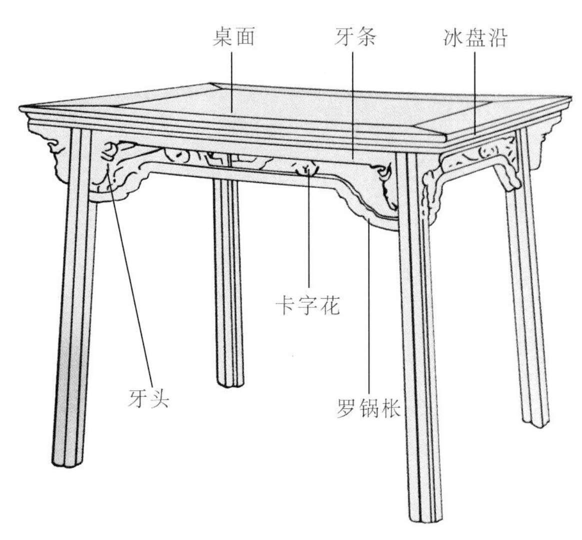

图 2-21 方桌各部分名称

图 2-22 明代 一腿三牙方桌

小贴士：所谓“一脚三牙”是明式最有代表性的桌式。因这种桌式要求把四条腿缩进安装，故每一条腿均与三块牙子（左右各装有一块，在桌面角下还装有一块托角牙）相交，每两条腿足之间又装有一根罗锅枨。腿的缩进安装和罗锅枨向上凸起，使桌下的空间高度加大，便于人们使用（图2-23）。

图 2-23 一腿三牙局部

(3) 几案类

几案类主要包括桌、案、几三类。

①桌类

是指腿足在板面的四角，其结构称为“桌型结构”。图 2-21 方桌就是正方形的桌子，一般有大小两种尺寸，大的叫“八仙”，约三尺三寸见方，小的叫“六仙”约二尺六寸见方。图 2-22 为黄花梨制，一腿三牙，素牙头、牙条，罗锅枨直顶牙板，枨的两端将桌腿向外撑，这样使桌子更加稳固，桌子侧脚分收明显，四腿八叉，是典型的明式家具。

②案

案的造型有别于桌子，突出表现为案的腿足不在面沿四角，而在案面两侧向里缩进一些的位置上。如图 2-24 所示明代黄花梨翘头案，案面两端嵌装翘头。面下牙条两端镂出云纹，并贯穿两腿之间。两腿上端打槽，夹着牙头与案面相连。前后腿之间装双横枨，腿、枨皆为圆材。四腿均向外撇出，具有明显的侧脚收分。案通体光素、简洁、造型沉稳、大方，尽显明式家具的明快之感。

图 2-24 明代 黄花梨翘头案

③几

香几是专门用来置炉焚香的家具，一般成组或成对。佛堂中有时五个一组用于陈设五供，个别时也可单独使用。古代书室中常置香几，用于陈放美石花尊，或单置一炉焚香。形制多为三弯腿，整体外观似花瓶。如图 2-25 所示此香几腿上部四分之一处做一处停留，内敛径达 10cm，然后顺势而下，迅速变细，至足内翻球，足外饰卷草。牙板与束腰一木连作，雕刻卷草纹，雕刻精美，做工考究。

图 2-25 明代 黄花梨木三弯腿大方香几

(4) 橱、柜类

橱柜类是居室中用于存放衣物的家具。

①橱

橱的形体与案相仿，有案形和桌形两种。面下装抽屉，二屉称连二橱，三屉称连三橱，有的还在抽屉下加闷仓。上平面保持了桌案的形式，但在使用功能上较桌案发展了一步（图 2-26，图 2-27）。

图 2-26 明代 铁梨木二屉闷户橱

②柜

是指正面开门，内中装屉板，可以存放多件物品的家具。门上有铜饰件，可以上锁。如图 2-28 所示明代黄花梨顶柜．顶柜是明代较常见的一种形式，由底柜和顶柜组成。一般成对陈设，又称四件柜。这种柜因有时并排陈设，为避免两柜之间出现缝隙，因而做成方正平直的框架。柜门对开，顶柜、地柜各两扇门。两门之间有立栓，栓与门上各安铜质面叶、拉手。两侧均有圆形铜质合页。打开下节柜门，内装樘板两块，拿掉樘板后，又可形成暗仓。

图 2-27 橱 抽屉局部

图 2-28 明代黄花梨顶柜

图 2-29 明代 黄花梨大理石插屏

(5) 屏风类

明代屏风大体可分为座屏风和曲屏风两种。

①座屏风

又分多扇和独扇。多扇座屏风分三、五、七、九扇不等。规律是都用单数。屏风上有屏帽连接。这类屏风多数被放在正厅靠后墙的地方，然后前面放上宝座。在皇宫里，每个正殿都有这种陈设。独扇屏风又名插屏，是把一扇屏风插在一个特制的底座上(图 2-29)。

②曲屏风

曲屏风是一种可以折叠的屏风，也叫“软屏风”，它没有底座，且都由双数组成，属活动性家具。用时打开，不用时折合收贮起来。其特点是轻巧灵便。如图 2-30 所示此屏共四扇，每扇单屏之间由挂钩连接，可开合，单屏为攒框分隔形制，由上至下分别是上部绦环板，屏心和裙板，皆为浮雕花卉纹，下部边框镶有压板，亦雕花卉纹。

(6) 台架类

是指日常生活中使用的悬挂及承托用具。主要包括衣架、盆架、灯架、镜台等(图 2-31~图 2-33)。

图 2-30 明代 黄花梨浮雕花卉屏风

图 2-31 衣架

（二）清代家具

清代家具大体分为三个时段，清代家具在康熙前期基本保留着明代风格特点。尽管和明式相比有些微妙变化，但还应属于明式家具。自雍正至乾隆晚期，已发生了根本的变化，形成了独特的清式风格。嘉庆、道光以后至清末民国时期，由于国力衰败，加上帝国主义的侵略，国内战乱频繁，各项民族手工艺均遭到严重破坏，在这种社会环境中，根本无法造就技艺高超的匠师。再加上珍贵木材来源枯竭，家具艺术每况愈下，进入衰落时期。

1. 清代家具的装饰

注重装饰性是清代家具最显著的特征。为了获得富贵豪华的装饰效果，充分利用各种装饰材料和调动工艺美术的各种手段，如雕、嵌、描、绘、堆漆等，其中雕与嵌仍是清式家具装饰的重要手法。清式家具在风格上突出表现为厚重、华丽，过多追求装饰，而忽视和破坏了家具的整体形象，失去了比例和色彩的和谐统一，到清朝晚期更为显著。

如图 2–34 所示此炕桌为红木制，桌面攒边装板，有束腰。直腿方足。桌面圆形开光嵌螺细花卉禽鸟纹，四周饰以折枝花卉。冰盘沿及束腰各饰以缠枝花卉及菱形花纹，牙条和腿足嵌螺细西番莲纹。如图 2–35 所示清代紫檀剔红嵌铜龙纹宝座。座围为九屏风式，剔红“卍”字锦地纹，嵌菱形正面龙纹镀金铜牌。边沿浮雕云蝠纹和缠枝莲纹，座面为红漆地描金菱形花纹，边沿雕回纹，面下束腰嵌云龙纹镀金铜牌，牙条上雕蝠、桃、“卍”字及西番莲纹。腿部雕楞子纹，足下承雕回纹托泥。

所谓宝座又称宝椅，是一种体型较大的椅子，宫廷中专称“宝座”。宝座的结构和罗汉床相比并没有什么区别，只是比罗汉床小些。宝座多陈设在宫殿的正殿明间，为皇帝和后妃们专用。有时也放在配殿或客厅，一般放在中心或显著位置。这类椅子很少成对，都是单独陈设。宝座一般都由名贵硬木（以紫檀为多见）

图 2-32 面盆架　　图 2-33 灯架

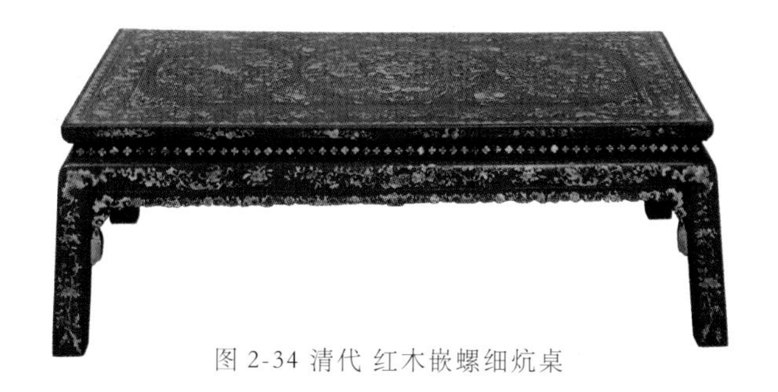

图 2-34 清代 红木嵌螺细炕桌

图 2-35 清代 紫檀剔红嵌铜龙纹宝座

小贴士：所谓“西番莲”，即以中国传统工艺制成家具后，再用雕刻、镶嵌等工艺手法装饰西洋花纹。这种西式花纹，通常是一种形似牡丹的花纹，亦称“西番莲”。这种花纹线条流畅，变化多样，向外伸展，且大都上下左右对称。如果装饰在圆形的器物上，其枝叶就多作循环式，各面纹饰衔接巧妙，很难分辨它们的首尾（图 2-36）。

图 2-36 西番莲纹扶手椅靠背板

图 2-37 清代红木嵌理石螺细太师椅

或者是红木等髹漆制成，施以云龙等繁复的雕刻纹样，髹涂金漆，极为富丽华贵。

2. 清代家具的用材

清代中期以前的家具，尤其是宫中家具，常用色泽深、质地密、纹理细的珍贵硬木。其中以紫檀木为首选，其次是花梨木。用料讲究清一色，各种木料互不接用，为了保证外观色泽纹理的一致和坚固牢靠，有的家具采用一木连作，而不用小材料拼接。用料大，浪费多，但气派很大。因此，就气派而言，清式家具要比明式家具大的多。清代中期以后，紫檀、花梨木材料告缺，此种材料制作的家具日渐减少，遂以红木代替，因此，清代乾隆以后的高级家具多数采用红木。

3. 清代典型代表性家具

清代家具虽然继承了明代家具的特点，但在家具风格上又与明代家具迥然不同，显示了它独特的时代特征。并且出现了许多新的家具种类，其中以太师椅、架几案、多宝格等为显著代表。

(1) 太师椅

太师椅的产生是清代家具的一个显著特点，借以炫耀显赫、点缀太平盛世之意。太师椅造型特点是体态较大，下部为有束腰的几凳，上部为屏风式靠背和扶手。中间的靠背最高，两侧较低，扶手最低，围在座板的三面，式样庄重，犹如宝座，显示坐者的地位，故称“太师椅”。使用时，或置于堂屋当中的方桌两旁，或成对太师椅中间置茶几，摆放于大厅两侧。太师椅被认为是清式家具的代表。如图 2–37 所示此椅为红木制，椅背镶大理石，两边装螭纹卡子花。扶手亦镶理石。椅面攒框镶大理石面，有束腰，直腿，四角间安管脚枨。椅背、扶手和牙板上嵌螺细折枝花卉。

(2) 架几案

架几案是清代常见的家具品种。是入清以后才出现的，它的形式与其它家具不同，是由两个大方几和一个长大的案面组成的，使用时将两个方几按一定距离放好，将案面平放在方几上，“架几案”由此得名。架几案一般体型较大，其上可摆放大件陈设品，殿宇中和宅地中厅常摆放这种家具。如图 2-38 所示此架几案面下有两个架几，架几有束腰，透雕云蝠纹，几壁有勾云形开光，开光透雕蝙蝠、寿桃等纹饰，实用性强，造型洒脱大方。

图 2-38 清代 紫檀云蝠纹架几案

(3) 套几

清代的套几十分有特色，套几可分可合，使用方便。一般为四件套，同样式样的几逐个减小，套在上一个腿肚内，收藏起来只有一个几的体积（图 2-39）。

图 2-39 清代 红木四联套机

(4) 多宝格

清式家具中的橱、柜，仍保留有明代遗风，在造型和品种上也没有太大的发展，出现的新品中，多宝格较为突出，被认为是最富有清式风格的家具。

多宝格也称“百宝架”、“什锦格”，是可同时陈列多件古玩珍宝的格式柜架。多宝格有大亦有小，大者可一列成排组成山墙，供陈列几百件珍玩。小者盈尺，置于桌案之上作为摆件。多宝格在设计上错落有致，形式多变，善于巧妙地利用有限的空间供陈列之用，与所陈列之物融为一体，本身就是一件绝好的艺术品（图 2-40，图 2-41）。

图 2-40 清代 黑漆描金多宝格

(5) 挂屏

挂屏为明末才开始出现的一种挂在墙上作装饰用的屏牌，大多成双成对出现。清朝后，此种挂屏十分流行，至今仍被人们喜爱。它已完全脱离实用家具范畴，成为纯粹的陈设品和装饰品。如图 2-42 所示的挂屏四扇成堂，硬木框柴木心，每扇各镶大理石两块，上圆下方，寓意天圆地方之意。

图 2-41 清代 榆木四面空多宝格

图 2-42 清代 云石挂屏

中国家具经历数千年的不断发展，形成了不同时期的多种风格。尤其是明、清时期的家具达到了历史的最高峰，为世人所推崇。明代家具造型简洁明快、素雅端庄、比例适度、线条挺秀，充分展示了木材的自然美；清代家具风格华丽、浑厚庄重、线条平直硬拐、注重雕刻、髹漆描金、装饰求满求多，在世界家具史上占有重要的地位。

第二节 外国古典主义家具

一、古代时期的家具

（一）古埃及风格家具

古埃及位于非洲东北部尼罗河的下游。现在保留下来的当时的木家具有折凳、扶手椅、卧榻、箱和台桌等。椅床的腿常雕成兽腿、牛蹄、狮爪、鸭嘴等形式。帝王宝座的两侧常雕成狮、鹰、羊、蛇等动物形象，给人一种威严、庄重和至高无上的感觉，装饰纹样多取材于常见的动物形象和象形文字。

装饰色彩除金、银、宝石的本色外常见的还有红、黄、绿、棕、黑、白等色，涂料是以矿物质颜料加植物胶调制而成。用于折叠凳、椅和窗的蒙面料有皮革、灯芯草和亚麻绳，家具的木工也达到一定的水平（图 2–43）。

图 2-43 黄金扶手椅

（二）古希腊风格家具

古希腊的家具因受其建筑艺术的影响，家具的腿部常采用建筑的柱式造型，以及由轻快而优美的曲线构成椅腿及椅背，形成古希腊家具典雅优美的艺术风格。其中座椅的设计在功能上已经具有显著的进步，它的结构非常合乎自由坐姿的要求，背部倾斜且呈现曲状，腿部向外张开向上收缩，给人一种稳定感。靠背板或坐面侧板、腿部采用雕刻、镶嵌等装饰。室外庭院、公共剧场采用大理石支撑的椅子。木材（橡木、橄榄木、雪松、榉木、枫木、乌木、水曲柳等）、青铜大理石等是常用材料，镶嵌用材主要为金、银、象牙、龟甲等，充分表现出优雅而华贵的感觉。如图 2–44 所示座椅椅腿外伸，椅背向上弯，形成连续的曲线。公元前 5 世纪时腿下无底座，椅背上部有一条水平宽板可将肩部靠上，旁边三角小桌的曲线和椅子一样。

图 2-44 古希腊 座椅

（三）古罗马风格家具

公元前 3 世纪古罗马奴隶制国家产生于意大利半岛中部。此后，随着罗马人的不断扩张而形成一个巩固的大罗马帝国。遗存的事物多为青铜家具和大理石家具，尽管在造型上和装饰上受到了希腊的影响，但仍具有古罗马帝国的坚厚凝重的风格特征（图 2–45，图 2–46）。

例如兽足形的家具立腿较埃及的更为敦实，旋木细工的特征明显体现在重复的深沟槽设计上。古代罗马人有躺在躺椅上进餐的习惯，躺椅基本采用旋制脚，床头装有 S 形扶手和头架。罗马人在桌子方面创造了许多新的种类，有放在墙边装饰用的大理石三腿桌，桌面为半圆形，面板厚实，脚部采用狮子形状，象征着身份和地位。

在家具材料的选择上除使用青铜和石材外，大量使用的材料还有木材，而且格角榫木框镶板结构也开始使用，并常施以镶嵌装饰，常用的纹理有雄鹰、带翼的狮子、胜利女神、桂冠、忍冬草、棕榈、卷草等。

图 2-45 罗马教皇椅

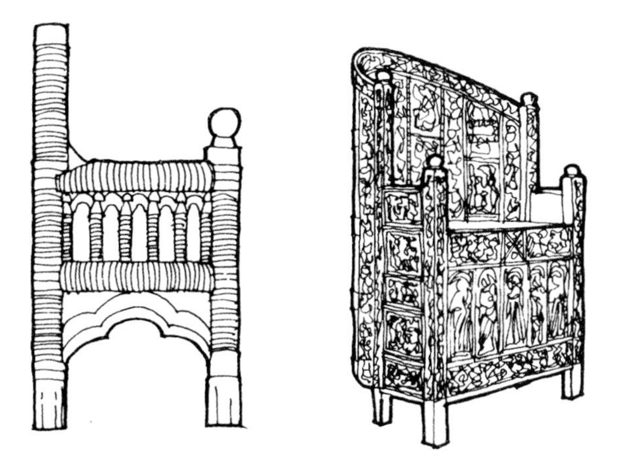

图 2-46 主教座椅

图 2-47 马西米阿奴斯御座

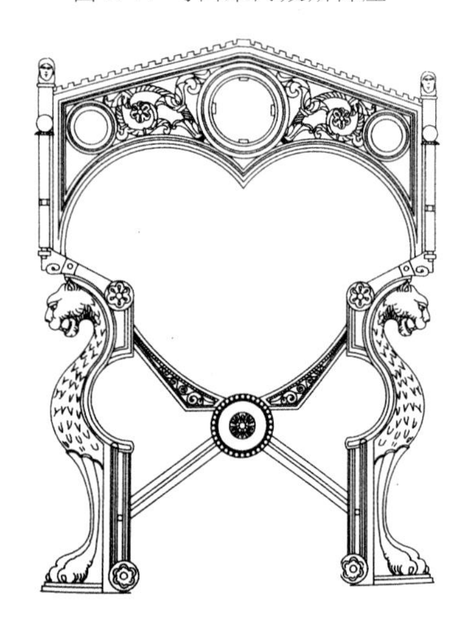

图 2-48 用狮身装饰的 X 型椅子

图 2-49 哥特式高背靠椅

二、中世纪家具

(一)拜占庭风格家具

公元 4 世纪，古罗马帝国分为东、西两部分。东罗马建都于君士坦丁堡，史称拜占庭帝国。拜占庭家具继承了罗马家具的形式，并融合了西亚和埃及的艺术风格，以雕刻和镶嵌最为多见。有的则是通体施以浅雕，装饰风格模仿罗马建筑上的拱券形式。无论旋木或镶嵌装饰，节奏感都很强。镶嵌常用象牙和金银，偶尔也会用宝石。凳、椅都置有厚软的坐垫和长形靠枕。装饰纹样以叶饰花、同象征基督教的十字架、圆环、花冠以及狮、马等纹样结合为多，也常使用几何纹样（图 2–47，图 2–48）。

(二)哥特式家具

哥特式家具由哥特式建筑风格演变而来。家具比例瘦长、高耸，大多以哥特式尖拱的花饰和浅浮雕的形式来装饰箱柜等家具的正面。到 15 世纪后期，典型的哥特式火焰形窗饰在家具中以平面刻饰出现，柜顶装饰着城堡型的檐板以及窗格形的花饰，家具油漆的色彩较深。

哥特式家具的艺术风格还在于它那精致的雕刻装饰上，几乎家具每一处平面空间都被有规律地划分成矩形，矩形内布满了藤蔓、花叶、根茎和几何图案的浮雕。这些纹样大多具有基督的象征意义，如“三叶饰”（一种由三片尖状叶构成的图案）象征着圣父、圣子和圣灵的三位一体；“四叶饰”象征着四部福音，“五叶饰”则代表着五使徒书等等。如图 2–49 所示哥特时代的高背靠椅，又称高背靠安乐椅。靠背变高的目的就是把椅子作为权威的象征，同时极为强调椅子在空间的体量感，高耸的椅背带有烛柱式的尖顶，椅背中部或顶盖的眉沿均有透雕和浮雕装饰。

三、近世纪家具

（一）文艺复兴时期的家具

文艺复兴是指公元 14 世纪至 16 世纪，以意大利为中心而开始的欧洲各个国家对希腊、古罗马文化的复兴运动。自 15 世纪后期起，意大利的家具艺术开始吸收古代造型的精华，以新的表现手法将古典建筑上的檐板、半柱、拱券以及其它细部移植到家具上作为家具的装饰艺术。家具外型厚重端庄，线条简洁严谨，比例和谐。以储藏类家具箱柜为例，它是由装饰檐板、半柱和台座密切结合而成的完整结构体。尽管这是由建筑和雕刻转化到家具上的造型装饰，但绝不是生硬、勉强的搬迁，而是将家具制作艺术的要素和装饰艺术完美的结合。如图 2–51 所示是以佛罗伦萨为中心的相关区域流行的一种托斯卡纳式床，这种床的床头雕刻精细并有镀金，由四根螺线状的柱子作支撑，柱子的顶部是古代壶形装饰部件（图 2–50，图 2–51）。

图 2-50 陈列柜

图 2-51 托斯卡纳式床

（二）巴洛克风格家具

“巴洛克”原是葡萄牙文 Baroque, 意为珠宝商人用来表述珠宝表面那种光滑、圆润、凹凸不平的特征，由此人们可以想象巴洛克艺术风格的造型特征。巴洛克风格最大的特征是以浪漫主义作为造型艺术设计的出发点，它具有热情奔放及丰丽婉转的艺术造型特色，这一时期家具风格并不受建筑风格改变的影响，主要基于家具本身的功能需要及生活需要。

巴洛克家具的最大特点是将富于表现力的细部相对集中，简化不必要的部分而着重整体结构，因而舍弃了许多文艺复兴时期将家具表面分割成许多小框架的方法 ，以及复杂、华丽的表面装饰，从而改成重点区分，加强整体装饰的和谐（图 2–52，图 2–53）。

图 2-52　巴洛克风格的装饰

图 2-53 巴洛克风格的家具

图 2-54 洛可可风格的座椅

图 2-55 洛可可风格的床

（三）洛可可风格家具

洛可可风格的家具于 18 世纪 30 年代逐渐代替了巴洛克风格。由于这种新兴风格成长在法王“路易十五”统治的时代，故又称为“路易十五风格”。由于它接受了东方艺术的侵染并融会了自然主义色彩的影响，因而形成一种极端纯粹的浪漫注意形式。

洛可可家具的最大成就是在巴洛克的基础上进一步将优美的艺术造型与功能的舒适效果巧妙地结合在一起，形成完美的工艺品。洛可可风格的家具追求运用流畅自由的波浪曲线处理外形，致力于追求运动中的纤巧与华丽，强调了实用、轻便与舒适。以回旋曲折的贝壳形和精细纤巧的雕刻为主要特征，造型的基调是凸曲线，常用 S 形弯角形式。它故意破坏了形式美中的对称与均衡的艺术规律，形成了浓厚浪漫主义色彩的新风格。

洛可可风格发展到后期，其形式特征走向极端，曲线的过度扭曲以及比例失调的纹样装饰而趋向没落（图 2-54，图 2-55）。

（四）新古典主义风格家具

新古典主义出现于 18 世纪 50 年代，家具做工考究，追求整体比例的协调，造型精练而朴实，以直线为基调不作繁缛的细部雕饰，结构清晰，脉络严谨。

1. 路易十六式风格的家具

路易十六式家具的最大特点是将设计的重点放在水平与垂直的结合体上，完全抛弃了路易十五式的曲线结构和虚假装饰，使直线造型成为家具的自然本色。因此路易十六式家具在功能上更加强调结构的力量，无论采用圆腿、方腿，其腿的本身都采用逐渐向下收缩的处理方法，同时在腿上加刻槽纹，已显出其支撑的力度。椅座分为包衬织物软垫和藤编两种，椅背有方形、圆形和椭圆形几种主要式样，整个造型显得异常秀美（图 2-56，图 2-57）。

2. 帝政式风格的家具

帝政式风格的家具流行于 19 世纪前期，帝政式风格可以说是一种彻底的复古运动，恪守严格对称的法则，多采用厚重的造型和刻板的线条来显示其宏伟和庄严，注意力集中在细部装饰上，将柱头、半柱、檐板、螺纹架和饰带等古典建筑细部硬加于家具上。

甚至还将狮身人面像、罗马神鹫、胜利女神、环绕“N”(拿破仑的第一个字母)字母花环、莲花、战争题材等组合于家具支架上，其目的在于充分体现皇权的力量和伟大。但在椅类的处理上尽量避免使用雕刻，仅在椅类的扶手和椅腿上有所应用。帝政式风格的家具在色彩处理上喜用黑、金、红的调和色彩，形成华丽而沉着的艺术效果(图 2-58，图 2-59)。

图 2-56 路易十六风格的家具

图 2-57 路易十六风格的家具

图 2-59 帝政式风格的家具

图 2-58 帝政式的硬木梳妆台

图 2-60 迈克尔·托耐特 14 号曲木椅

图 2-61 麦金托什椅

图 2-62 扶手椅

第三节 现代主义风格家具

现代家具经历了三个时期，即 19 世纪末的探索期，“二战”期间的形成期和“二战”之后的发展期。

一、19 世纪—探索期（1850 ~ 1917）

19 世纪中叶，钢铁的采用，蒸汽机、发动机的发明以及工业生产的快速发展，在短时间内给家具设计带来了巨大的变化，废除了不合理的仿制家具式样，新工艺与新结构的家具大量出现，造型变化丰富。

如图 2-60 所示为德国的迈克尔·托耐特从实践摸索出了一套制作曲木家具的生产技术。他用“化学、机械法”弯曲木材的技术在维也纳获得了专利，14 号曲木椅是他在家具史上的代表作品。他利用蒸弯技术，把木材弯成曲线状，整个椅子由 6 根直径为 3cm 的曲木和十个螺钉构成，零件自行组装，大大节约了运输成本。其优雅自如的曲线、轻快纤细的体型，给人以轻巧的感觉。托耐特的曲木椅造型优美、价格低、样式多，开创了现代家具设计的先河。

如图 2-61 所示设计师英国建筑设计师和产品设计师查尔斯·雷尼·麦金托什设计的麦金托什椅。他的作品简洁的形式体现在他将从大自然中得到的灵感作为主题，一方面依然受到传统的英国建筑影响；另一方面则具有追求简单纵横直线的形式的倾向。他设计的高背椅子，夸张和突出的高靠背体现着精确、丰富、简朴、浪漫的风格，简短的圆柱椅腿，与高高的椅子靠背形成对比，黑色的高背造型，非常夸张，他的椅子综合了自然的元素和几何的秩序，成为手工艺品。

二、“二战”时期—形成期（1917 ~ 1937）

在两次世界大战之间，欧洲各国的建筑和家具获得了新的发展，开始走向现代主义的道路，形成了以包豪斯设计学院为首的设计理念。这一时期的家具重视功能，造型力求简洁，主张功能决定形式，强调发挥技术与结构本身的形式美，而且非常适于机械加工和大批量的现代化生产（图 2-62 ~图 2-64)。

如图 2-62 所示为意大利设计师勒·柯布西耶设计的扶手椅。采用抛光镀铬钢框架作为椅体的支撑，靠背和座面以聚酯填充物填充，表面覆以皮革装饰，在材料上进行了突破，曲线形的靠背更加符合人体工学，并与扶手连成一体。交叉的椅腿以一种全新的支撑形式出现，其造型轻巧优美，结构简洁，柔软舒适，颠覆了人们对传统椅子的概念。如图 2-63 所示为瓦西里椅，椅子的支撑由钢管构成，与人体接触的部位均采用帆布或是皮革，体现出了材质的特性，而且人体不会与冷漠的钢管直接接触，其造型轻巧优美、结构简洁、性能优良，这种新的家具形式很快风行世界。

图 2-63 瓦西里椅

图 2-64 密斯的巴塞罗那椅

三、“二战”后一发展期（1949 ~ 1966）

20 世纪四五十年代，美国和欧洲的设计主流是在包豪斯理论基础上发展起来的现代主义。与战前空前的现代主义不同，战后的现代主义已经深入到广泛的工业生产领域。随着经济的复苏，西方在 20 世纪 50 年代进入了消费时代，现代主义与战后新技术、新材料相结合，表现形式是以简洁线条构成元素，通过卓越科技的发挥，进行设计和生产。一方面借助于精确的结构处理和材料质感的应用，充分显现出现代家具的正确性和透明性；另一方面它依靠严格的几何手法和冷静的构成态度，充分显露出现代美学的简洁性与完整性。倡导以功能作为第一要素，提倡室内设计、家庭用品、工作和生活空间的可移动性和灵活性，强调轻盈活泼、简洁明快的设计风格，家具设计上的突出变化是向板式组合家具发展。家具及室内装饰进入了多元化并存的时期。

图 2-65 为埃罗·沙里宁设计的家具。他的家具设计常常体现出“有机”的自由形态，最著名的设计是 1948 年与诺尔公司合作设计的“胎”椅。这种椅子是由玻璃纤维增强塑料压模而成，上面加软垫织物，式样大方，便于工业化生产。

图 2-65 “胎”椅

图 2-66 椰子椅

图 2-66 所示纳尔逊设计的家具，其中“椰子椅”的设计构思源自椰子壳的一部分，这件椅子尽管看起来很轻便，但由于“椰子壳”采用金属材料，其分量并不轻，通过合理的使用材质对形体进行了充足的完善。另一个经典作品是“蜀葵椅”，该椅子的主体部分被分解成一个个小的圆形结构，其色彩的大胆使用和明确的集合形式都预示着 20 世纪 60 年代波普艺术（POP）的到来。

图 2-67 所示为伯托埃设计的网状钢丝椅，哈里 · 伯托埃生于意大利，他所设计的网状钢丝椅主要依靠手工制作，外形柔美，并将工业用的金属丝线引入到家具设计领域，在浓重的工业味道中透出了纤细微妙的变化 ，在 20 世纪的家具设计舞台上体现了对空间和形体美的的双重诉求。

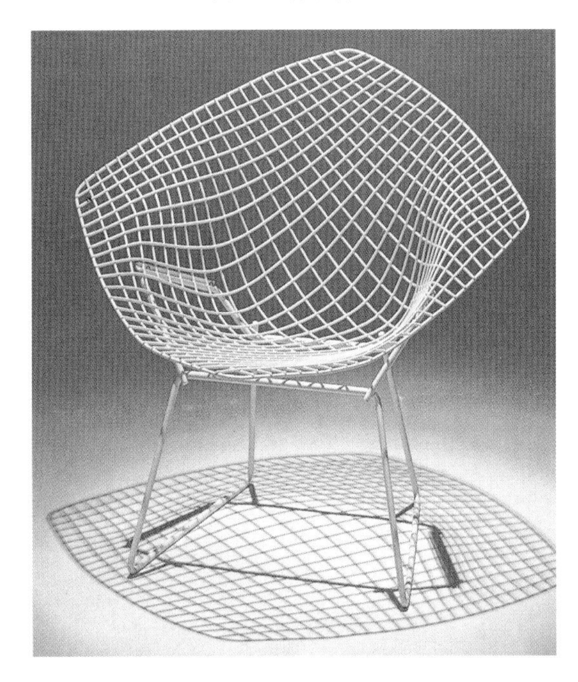

图 2-67 网状钢丝椅

第四节 后现代主义风格家具

20 世纪 70 年代，科技的高度发展为人类社会的物质文明展示出一个崭新的时代，然而面对这样一个充满着电子、机械高速运行的社会，人们的设计思想反而变得平乏、单调。“后现代主义”更是一针见血地批判着现代主义，家具设计也在这一大的潮流下趋向怀旧、装饰、表现、多元论和折衷主义，摆在人们面前的是五彩缤纷、百花齐放的新天地，家具设计进入后现代主义设计阶段（图 2-68）。

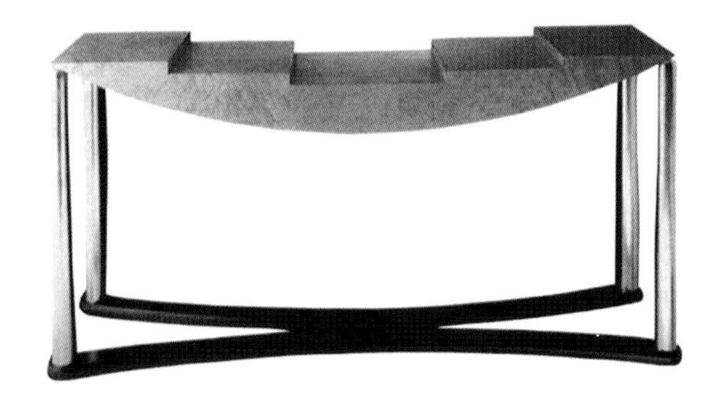

图 2-68 后现代主义风格家具

第五节 家具设计的发展趋势

家具是与人类生活密切相关的传统产品，而21世纪的家具设计将会呈现出异彩纷呈并形成多元化的格局，归纳起来有以下几个发展趋势。

一、电脑辅助设计

电脑辅助进行家具设计，是当今信息时代的产物。其技术在家具设计中的应用将会大大拓展，如外形、结构、形状、人机、色彩、材质等，均可利用电脑技术进行预演、模拟和优化，进而减少不必要的资源浪费，使家具产品在规定的时间内准确、有效地得以实现，以最小的成本取得最大的功效。

因此，随着电脑技术的进一步发展，电脑辅助家具设计将会使人们对设计过程有更深的认识，对设计思维的模拟也将达到一个新境界。

二、可持续发展设计

当今环境日趋恶化已成为全球关注的问题，于是绿色家具设计应运而生。绿色家具设计融入以人为本、全面、协调、可持续地发展理念，尽可能减缓环境负担，减少材料、自然资源的消耗，以维护人类地球的绿色环境。 它的基本思想是在设计阶段将环境因素纳入家具设计中，将环境性能作为家具设计目标的重要组成部分，把家具对环境的影响降到最小。

家具的绿色设计将紧紧围绕“3R”和“3E”的原则。“3R”是Reduce—减量、减少不必要的浪费，Reuse—重复利用，Reycle—回收再加工；“3E”是指Economic—节省资源、商品和包装、消耗较少的材料，Ecological—选择对自然环境伤害最小的家具，以保护环境，Equitable—人体工学原则和平等精神。绿色家具设计的主要内容包含设计材料原则、家具产品的拆卸、回收技术和绿色家具的评价。

如图2-69所示将自然界的植物碎片收集到垂直加料斗中沉淀，构成具有连续形态的长椅，集自然性与环保性为一体。

如图2-70所示利用收集回来的废弃饮料瓶改造而成的摇摇木马，利用密度平均受力的原理，巧妙地将塑料瓶结合在木马上，重新赋予它们新的生命，用最自然有趣的方式来实现绿色生活方式。

图2-69 花园长椅

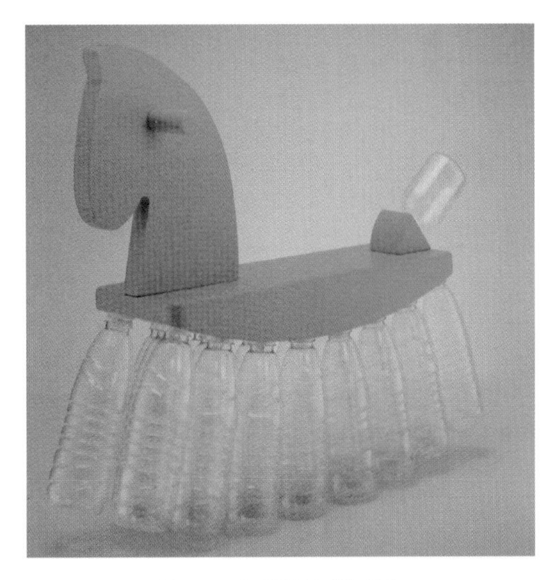

图2-70 儿童家具“神马”

图 2-71 公共座椅

三、个性化、多元化设计

随着世界现代化进程的发展，特别是物质生活极大丰富的今天，人们追求个性的心理日益加强。在这个特征需求的驱动下，家具设计的理念也逐步向多层次的文化意识上靠拢，人们追求具有风格、特色、意境与富有创意的多元化家具。这充分说明了在现代设计中，追求和充分展现家具个性特征已成为家具设计中的又一重要原则。

当然，这种个性化与多元化的设计不是一朝一夕能解决的。它必须在继承和发扬传统文化的基础上以创新求异的精神为先导，并辅以深厚的艺术底蕴和宽广的设计视野，通过不断开阔思路、大胆实践，在长期刻苦训练和积累的基础上才能得以形成（图 2–71 ~ 图 2–73）。

图 2-72 椅子

图 2-73 桌子

本章小结

本章首先阐述了中国从商周至明清以来家具发展和演化的历史；同时按照国外家具发展的各个典型时期家具在造型、工艺、材料及装饰手法上的显著特点进行了系统的描述，并对未来家具设计的发展进行了判断分析。

复习思考题

1. 明清风格的家具具有哪些特点？
2. 现代主义风格家具经历了那几个时期？分别具有什么样的特点？
3. 未来家具设计发展的趋势是怎样的？

课堂实训

1. 结合中国传统家具的特点设计一组现代家具。

要求：在现代的基础上融入明清家具的元素对形体进行塑造。

2. 结合西方传统家具的特点设计一组现代家具。

要求：在现代的基础上融入西方家具的传统元素（时期不限）对形体进行塑造。

3. 利用可回收材料设计一件家具。

要求：利用环保理念体现设计的创新性。

第三章　家具的结构工艺

学习要点及目标

- 本章主要讲述家具结构工艺。
- 通过本章学习，了解不同家具的结构，类型、特点，完善对家具设计知识的认知。

引导案例

家具的区别不仅在式样上，也在于结构方式上和材料上的不同。由于结构方式和材料的不同，会对家具的强度、外观和质量产生不同的要求。无论外型、结构、材料如何变化，也无论是传统的木质榫卯结构，还是现代的板式插接结构，前提条件是要使家具坚固耐用，这就使得家具在很大的程度上必须依赖于构件的接合方法和工艺技术的配合。

如图 3-1 所示支架式书架，它是把部件固定在金属或木制支架的各个高度上而制成的。书架内部的樘板和柜体由统一制成的金属挂件钩挂在金属框架内（图 3-2），可根据个人的需要与爱好自行调节高度，形成不同的视觉效果和用途。而且统一制成的金属挂件一方面可以减少部件规格，为自动化生产创造条件；另一方面也便于零件的维修与更换。

图 3-1 支架式书架

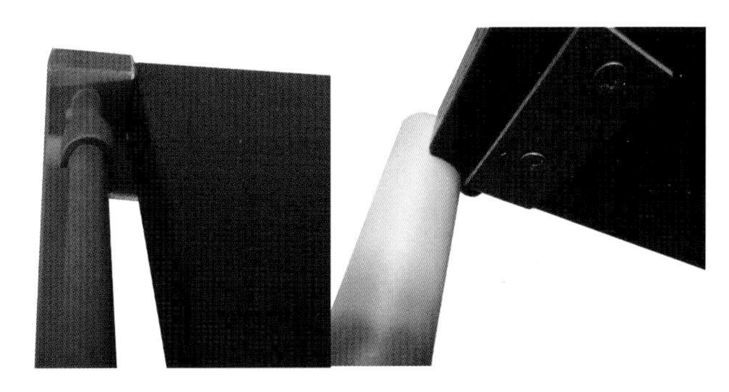

图 3-2 支架式书架的金属挂件

第一节 实木家具的结构工艺

一、榫卯的结构

传统家具多为榫卯结构，利用榫卯结合的方式组成家具的框架。榫卯结合是榫舌插入榫孔所组成的接合，接合时通常都要施胶。榫头与榫孔各部分名称(图3-3)。榫舌的种类很多，但基本形状有三种，即直角榫、燕尾榫和圆榫（图 3-4）。从榫舌的断面形状来看，直角榫、燕尾榫都属于平榫；圆榫属于插入榫。

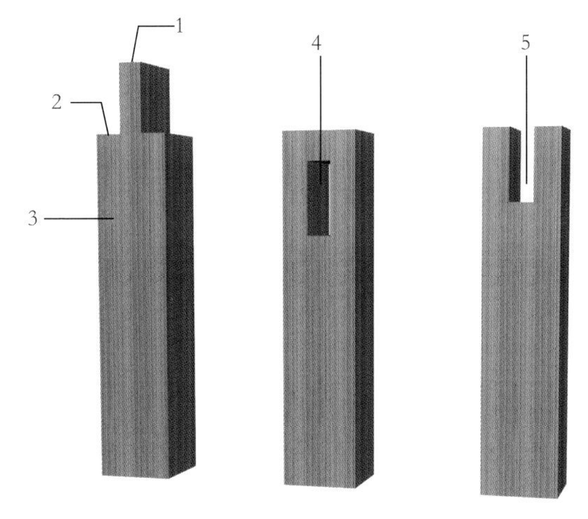

1—榫舌 2—榫肩 3—榫头 4—榫孔 5—榫槽

图 3-3 榫头与榫孔各部分名称

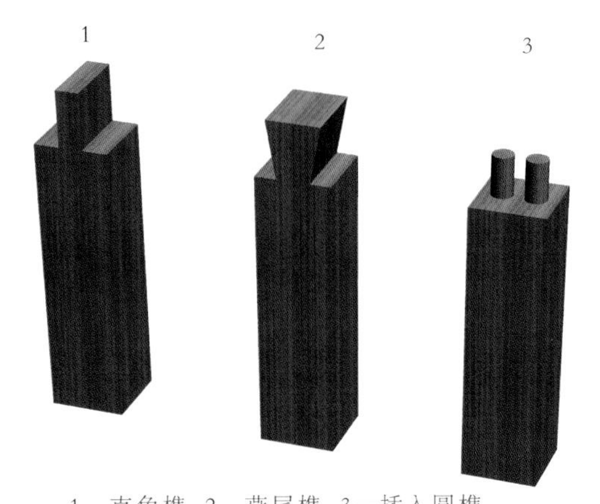

1—直角榫 2—燕尾榫 3—插入圆榫

图 3-4 榫头的种类

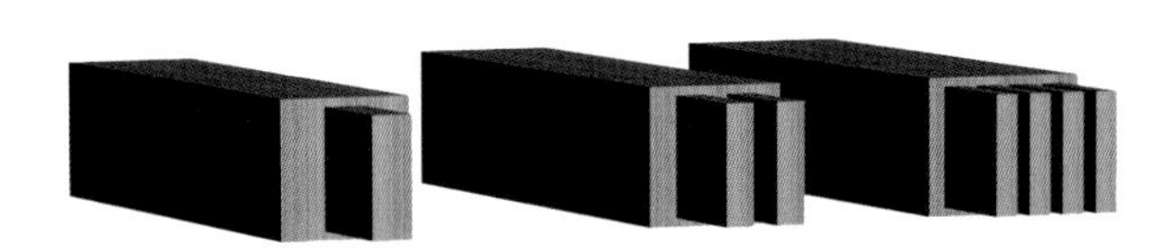
图 3-5 榫舌的数目

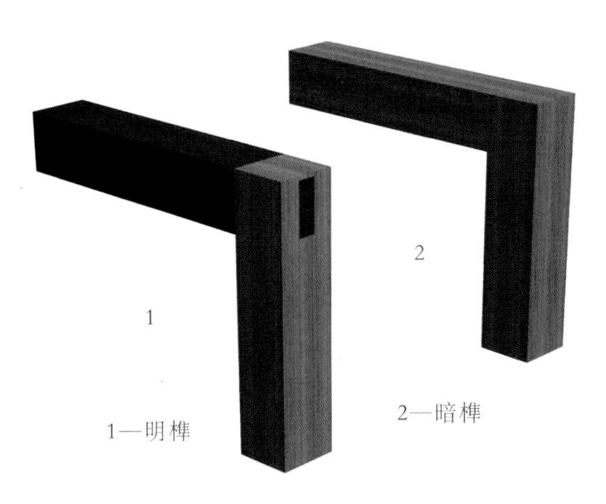

图 3-6 榫舌的贯通

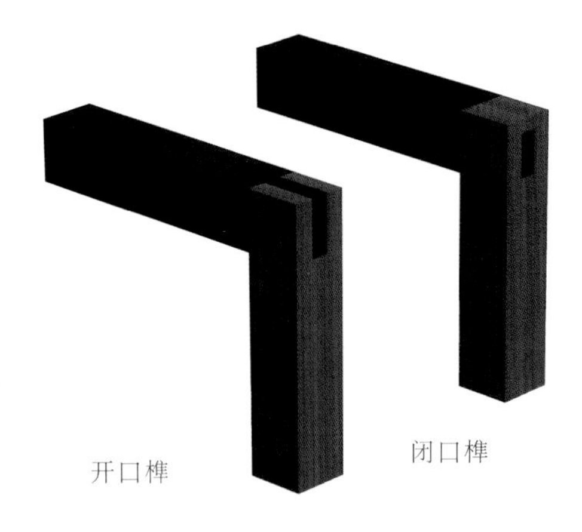

图 3-7 榫舌侧面

(一)以榫舌的数目来分

有单榫、双榫和多榫(图 3-5),一般框架的方材接合,多采用单榫和双榫,如桌子、椅子等。只有箱框的板材接合才用多榫,如木箱、抽屉。

(二)以榫舌的贯通或不贯通来分

根据榫舌贯通榫孔与否,有明榫和暗榫(图3-6)。暗榫主要是为了产品美观,避免榫舌暴露在制品的表面而影响装饰质量。所以,一些实木高档家具的榫接合主要用暗榫。但明榫的强度比暗榫大,所以在受力大的结构多采用明榫,如门、窗以及工作台等。中、高档家具中,在不显露的部位也可用明榫,以增加家具的强度。

(三)以榫舌侧面能否看到来分

有开口榫和闭口榫(图 3-7)。直角开口榫加工简单,但由于榫舌和一侧面显露在表面,因而影响制品的美观,所以一般装饰的表面多采用闭口榫接合。此外还有一种介于开口榫和闭口榫之间的半闭口榫(图 3-8)。这种半闭口榫接合,既可防止榫头的移动,又能增加胶的面积,因而具备了开口榫和闭口榫两者的优点。一般应用于被制品某一部分所掩盖的接合处以及制品的内部框架。例如桌腿与横档的结合部位,榫头的侧面就能被桌面所掩盖。

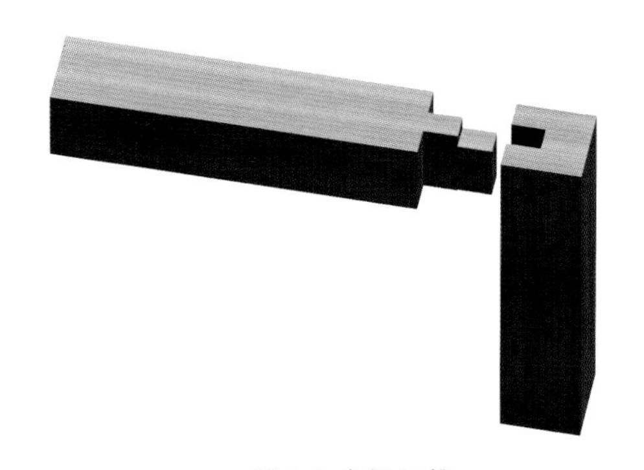
图 3-8 半闭口榫

（四）以榫舌和方材本身的关系来分

有整体榫和插入榫。直角榫、燕尾榫属于整体榫，榫舌与方材是一个整体。所谓插入榫，就是榫舌与方材不是一个整体，一般圆榫皆为插入榫。为了提高接合强度和防止零件扭动，采用圆榫接合需要有两个以上的圆榫舌。插入榫与整体榫比较，可以显著地节约木材，这是因为配料时，省去了榫头的尺寸，另外还简化了工艺过程，大大提高了劳动生产率。因为繁重的打眼工作可采用多轴钻床，一次完成定位和打眼的操作。此外采用插入榫接合，还可以改变制品的结构，便于拆装。但插入榫比整体榫的强度减低 30%。如图 3–4 所示。

二、榫卯结合的技术要求

家具的损坏常出现在结合部位，因此在设计家具产品时，一定要考虑榫卯结合的技术要求，榫卯结合的正确与否，直接影响家具产品的强度。

（一）榫舌的厚度

一般由零件断面的尺寸而定。为了保证接合强度，单榫的厚度接近于方材厚度的 1/2，双榫的总厚度也接近于方材厚度或宽度的 1/2。为使榫舌易于插入榫孔，常将榫端的两面或四面削成斜棱呈 30°。当木材断面超过 40mm × 40mm 时，应采用双榫接合。

榫舌的厚度为 6mm、8mm、9 .5mm、12mm、13mm、15mm 等。榫舌的厚度，根据生产实践证明，等于榫孔宽度或比榫孔宽度小 0.3mm 时，则抗拉强度最大，如果榫舌的厚度大于榫孔宽度反而使强度下降。这是因为榫舌与榫孔接合，还要经过胶料的作用，才能获得较高的强度。榫舌的厚度若大于榫孔尺寸，结合时胶液会被挤出。接合处不能形成胶缝，则强度会下降，而且安装时还易使方材劈裂，破坏了榫接合。

（二）榫舌的宽度

一般比榫孔长度大 0 .5 ~ 1mm。当榫舌的宽度增加到 25mm 时，宽度的增大对抗拉强度的提高并不明显。基于上述原因，榫舌宽度超过 40mm 时，应从中间锯切一部分，即分成两个榫舌，这样可以提高榫接合强度（图 3–9）。

（三）榫舌的长度

根据各种接合形式决定的，当采用明榫接合时，榫舌的长度应等于接合零件的宽度或厚度，如采用暗榫时不能小于榫孔零件宽度或厚度的一半。

榫舌长度与强度的关系，实验证明：家具的榫接合，当榫舌长度在 15~35mm 时，抗拉强度随尺寸增大而增加，当榫舌长度在 35mm 以上时，抗拉强度随尺寸增大而下降。由此可见，榫舌的不易过长，一般在 15~30mm 时的接合强度最大。总之，榫接合的强度决定于榫舌的几何形状，榫舌与榫孔的正确配合以及胶着面积的大小。当采用暗榫时，榫孔的深度应当比榫舌长度大 2mm，这样可避免由于榫头端部加工不精确或木材膨胀使榫头撑住榫孔的底部，形成榫肩与方材间的缝隙，同时又可以贮存少量胶液，增加胶合强度。

圆榫的直径为板材厚度的 0.4~0.5mm，目前常用的规格分别为直径 6mm、8mm、10mm 三种。圆榫的长度为直径的 3~4 倍。

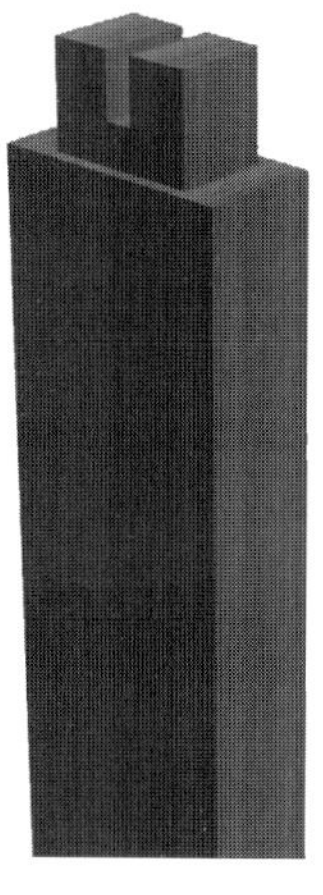

图 3-9 双榫

（四）榫舌厚度与方材断面尺寸的关系

单榫距离外表面不小于 8mm，双榫距离外表面不小于 6mm（图 3-10）。

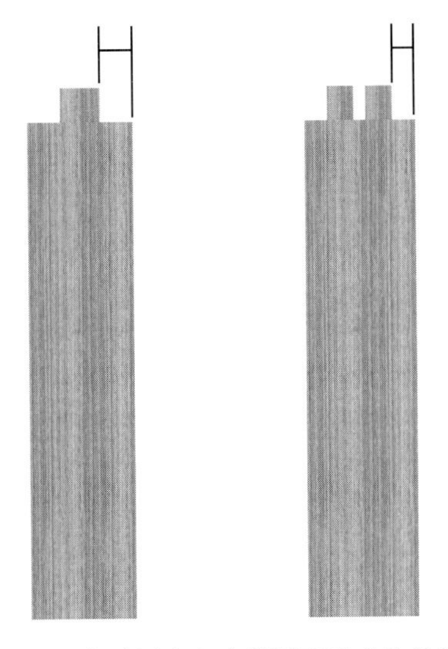

图 3-10 榫舌厚度与方材断面尺寸的关系

（五）榫舌、榫孔的加工角度

直角榫的榫舌与榫孔应垂直，也可略小，但不可大于 90°，否则会导致接缝不严。暗榫榫孔底部可略小于孔上部尺寸 1~2mm，但不可大于上部尺寸；明榫的榫孔中部可略小于加工尺寸 1~2mm，不可大于加工尺寸。

（六）榫卯结合对木纹方向的要求

榫舌的长度方向应顺着木材纤维方向，因为横向易折断。榫孔应开在纵向木纹上，开在端头易裂而且结合强度小。

三、榫卯接合的种类

（一）直角接合方法

多采用整体榫，也有用圆榫结合的，在框式家具中运用广泛（图 3-11~ 图 3-20）。

图 3-11 闭口不贯通单榫

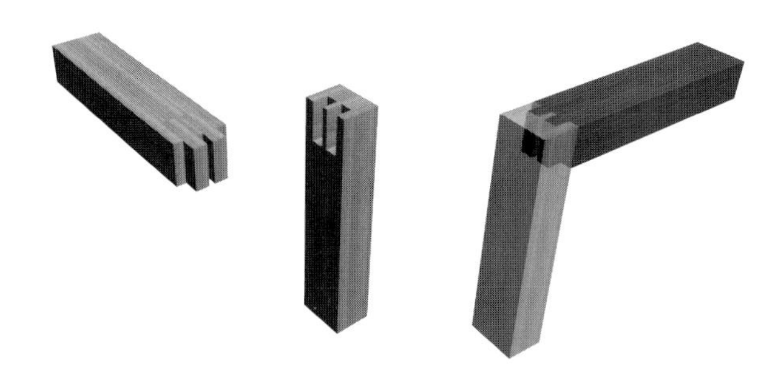

图 3-12 开口不贯通双榫

图 3-13 开口贯通单榫

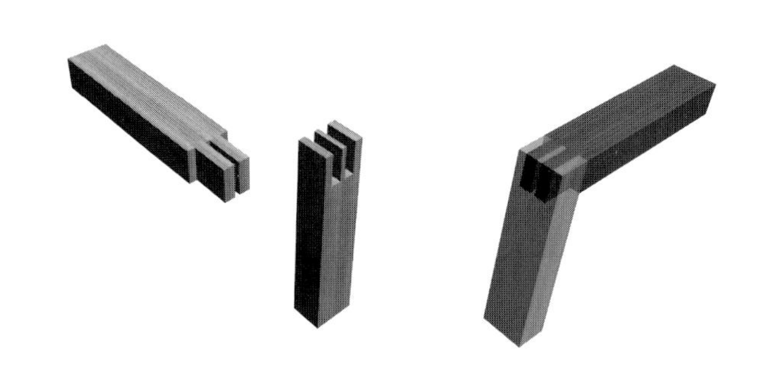

图 3-14 开口贯通双榫

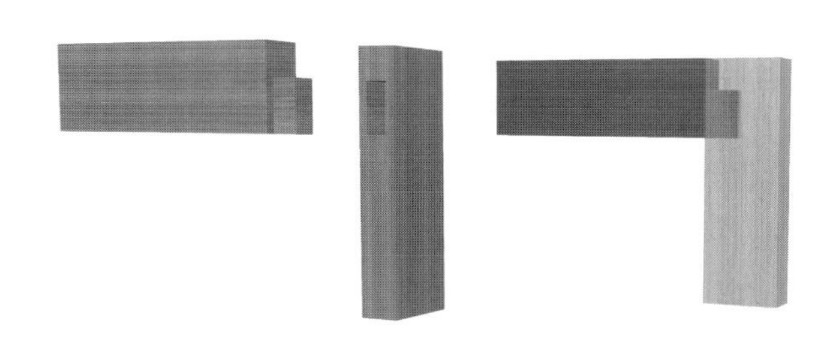

图 3-15 闭口不贯通单榫

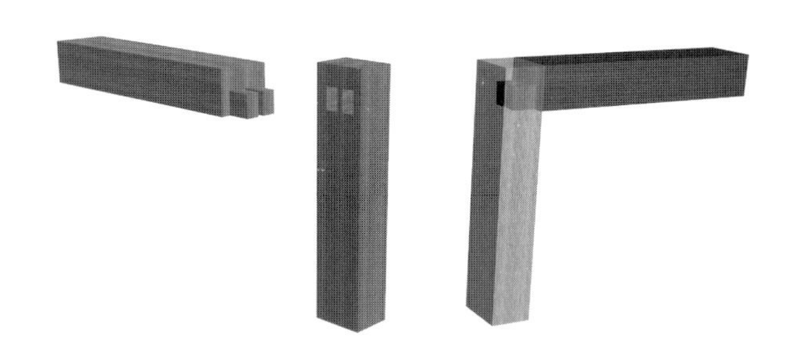

图 3-16 闭口不贯通双榫

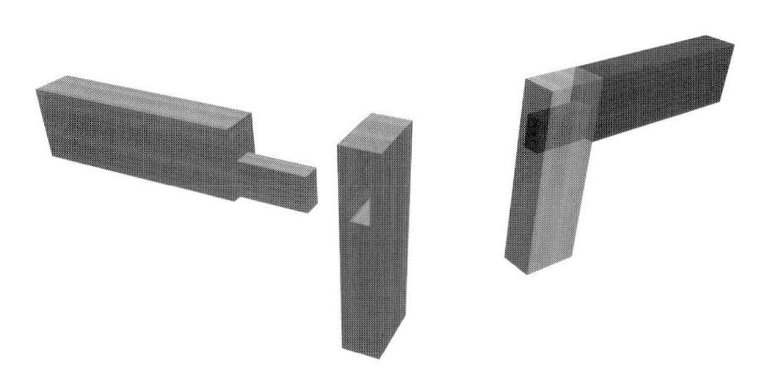

图 3-17 闭口贯通单榫

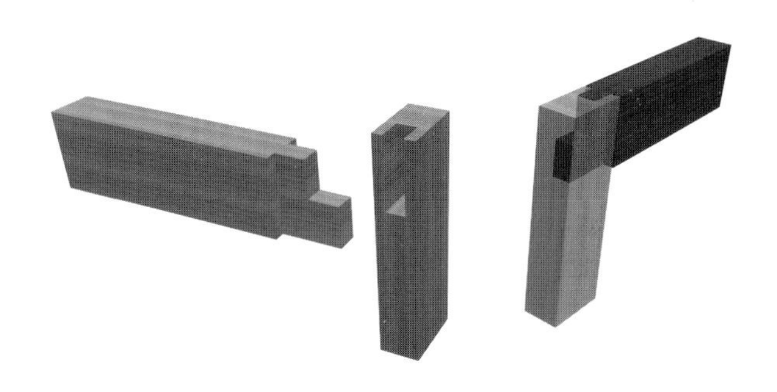

图 3-18 半闭口不贯通单榫

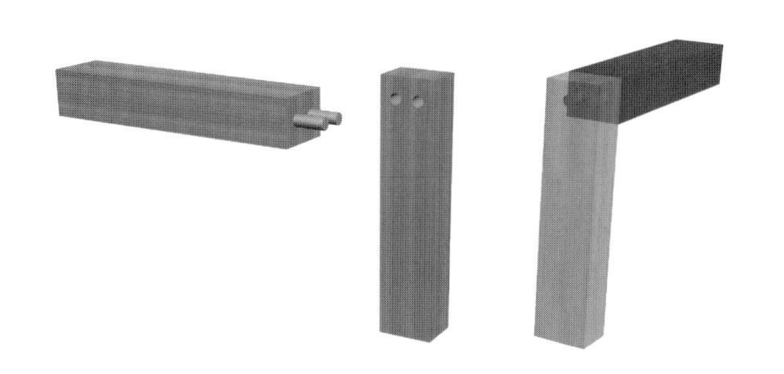

图 3-19 插入圆榫

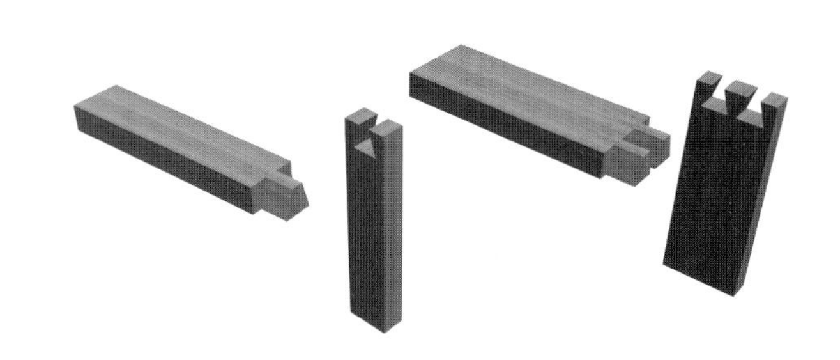

图 3-20 燕尾榫接合

（二）斜角接合方法

其优点是可以避免榫端部木材外露，提高家具的装饰质量，但结合强度较差，加工也较复杂（图 3-21~ 图 3-27）。

图 3-21 双肩斜角暗榫

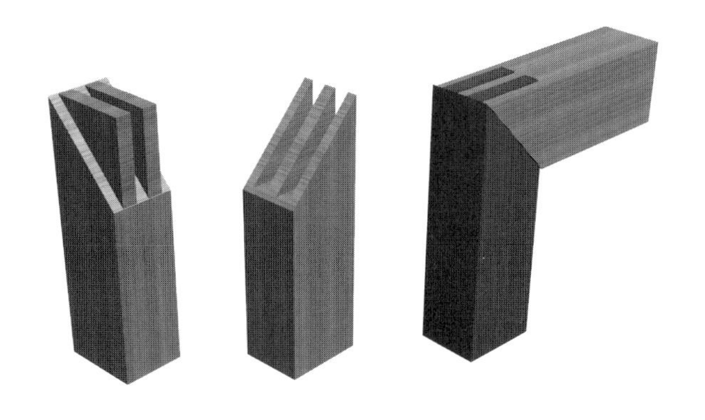

图 3-22 双肩斜角贯通单榫与双榫

图 3-23 双肩斜角明榫

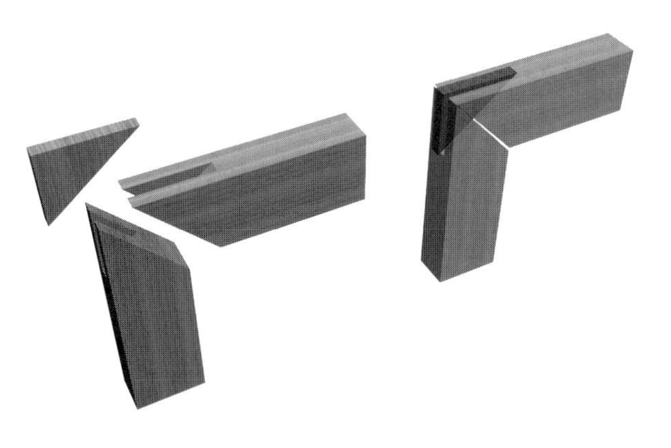

图 3-24 插入暗榫

图 3-25 插入圆榫

图 3-26 俏皮割角落槽单榫

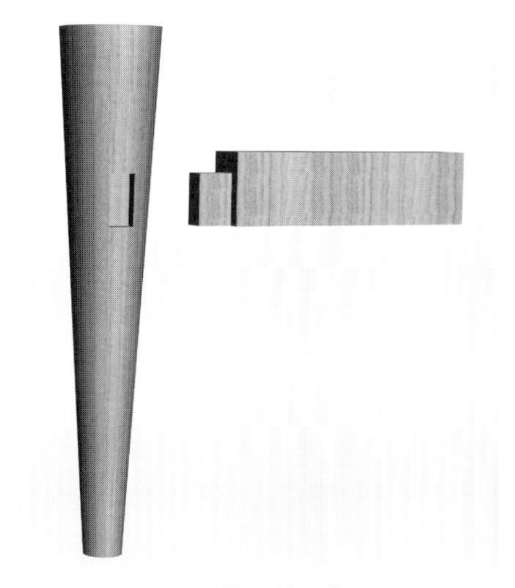

图 3-27 圆榫不贯通榫

（三）木框中档接合方法（图 3–28~ 图 3–34）

包括各类框架的中档、立档、椅子和桌子的脚撑等。

图 3-29 直角明、暗双榫

图 3-28 直角明、暗单榫

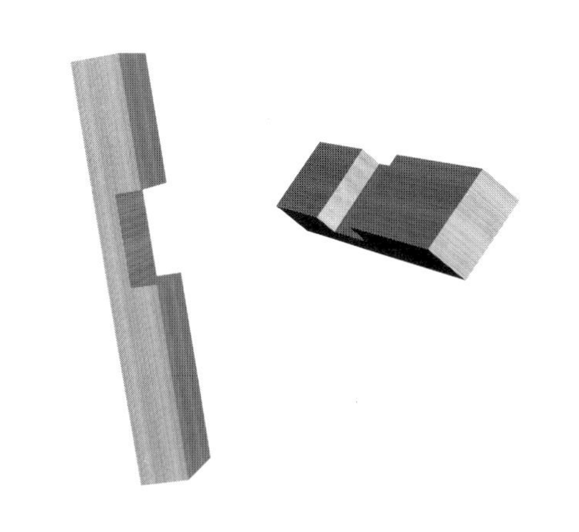

图 3-31 对开十字搭接法图

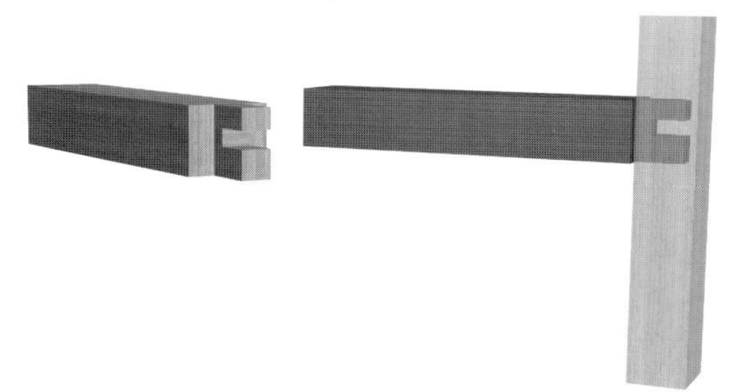

图 3-30 直角纵向明、暗双榫

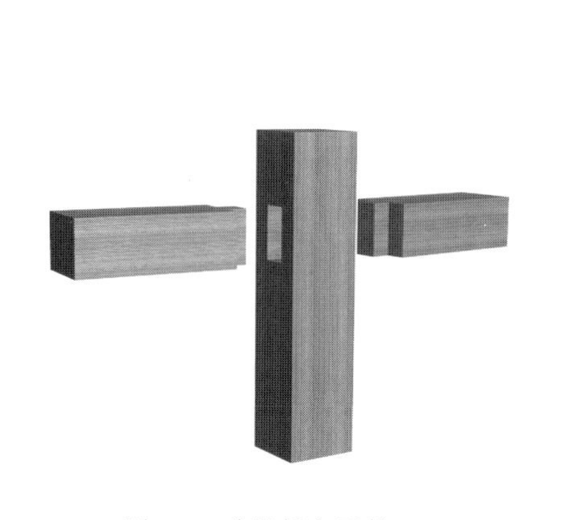

图 3-32 分段插入平榫

图 3-33 插入圆榫

图 3-1-32 夹角插肩榫

第二节 板式家具的结构工艺

一、板式家具的概念

板式家具是指以人造板为基材，以板件为主体，采用专用的五金连接件或圆榫连接装配而成的家具。板式家具的主要材料是各种人造板材，包括中密度板、刨花板、覆面刨花板（三聚氰胺板）、胶合板、细木工板等。

（一）密度板

密度板也称纤维板，是以木质纤维或其他植物纤维为原料，施加脲醛树脂或其它适用的胶粘剂制成的人造板材。按其额度的不同，分为高密度板、中密度板、低密度板。它的特点是：

密度板变形小，翘曲小；有较高的抗弯强度和抗冲击强度；密度板表面光滑平整、材质细密、性能稳定、边缘牢固、容易造型，避免了腐朽、虫蛀等问题。同时密度板很容易进行涂饰加工；各种涂料、油漆类均可均匀的涂在密度板上，是做油漆效果的首选基材。但是密度板的耐潮性握钉力较差，螺钉旋紧后如果发生松动，不易再固定（图 3-35）。

（二）刨花板

刨花板是利用木材加工的废料（刨花、碎木片、锯屑等）加入尿醛或酚醛树脂压轧而成，刨花板具有一定的强度，可充分利用废料，它的缺点是重量大、边缘易脱落、拧入螺钉易松动（图 3-36，图 3-37）。

（三）胶合板

具有厚度小、强力大和加工简便的优点，同时还便于弯曲，并且轻巧坚固，胶合板的品种很多，有普通胶合板、厚胶合板、装饰胶合板等（图 3-38）。

普通胶合板：是用三层或多层的奇数单板胶和而成。各单板之间的纤维方向互相垂直；中心层可用次等板单板或碎单板，面层可选用光滑平整、纹理美观的单板，厚度在 12mm 以下。

装饰胶合板：其一面或两面的表层板是用刨制薄板、金属或塑料贴面等做成的。

厚胶合板：厚度在 12mm 以上的称为厚胶合板。其结构与普通胶合板相同，又很高的强度，不变形，应用范围更为广泛。

（四）细木工板

俗称大芯板，它的内部是由许多小木条拼成的，两面的表面胶合两层单板或胶合板，表面抛光。这种板的优点是板面平整，强度大，不易变形（图 3-39）。

图 3-35 中密度板

图 3-36 刨花板

图 3-37 覆面刨花板（三聚氰胺板）

图 3-38 胶合板

图 3-39 细木工板（大芯板）

二、板式结构家具的制作工艺

（一）定厚砂光

基材（中密度板或刨花板）通过宽带式砂光机定厚砂光，可以得到统一的板厚，以消除或减少装配误差。

（二）板材覆面

常用的覆面材料有 PVC 板、三聚氰胺浸渍纸、装饰木纹纸、薄木等，每一种材质都有不同纹理与色彩供选择。贴覆的方法可采用手工，也可采用机械加工两种方法—冷压或热压。若贴覆珍贵的薄木，为了节约材料，可先进行裁板，然后贴薄木，再进行精裁。

（三）精裁

一般采用推台式开料锯，反复式电子自动开料锯进行加工。

（四）镂铣

主要用于丰富板件的边部形面，提高板式家具的档次。如茶几、桌子的台面边线等，一般放在铣床上加工。

（五）边部处理

对板件的边部进行封边或包边。对于垂直的边部，可以直接用直线或曲线封边机封边，对于有型面的边部，则可进行包边，或用实木封边后再进行铣型。

（六）钻孔

拆装式家具的钻孔是一道重要的工序，孔位的位置误差与孔径的精度是实现拆装的基本保证。孔位一般在 32mm 专用排钻上完成。排钻又可分为单排钻或多排钻，两个钻头之间的距离为 32mm，且固定不变，可根据设计的要求选用钻头。

“32mm”系统

板式家具摒弃了框式家具中复杂的榫卯结构，而寻求新的更为简便的接合方式，就是采用现代嵌入式连接件连接。而安装嵌入式连接件所必需的圆孔由钻头间距为 32mm 的排钻加工完成的。为获得良好的连接，“32mm 系统”就此在实践中诞生，并成为世界板式家具的通用体系，现代板式家具结构设计被要求按“32mm 系统”规范执行。

所谓“32mm 系统”是指一种新型结构形式与制造体系。简单来讲，“32mm”一词是指板件上前后、上下两孔之间的距离是 32mm 或 32mm 的整数倍。在欧洲也被称为“EURO”系统，其中 E 指 Essential Knowledge，指的是基本知识；U 指 Unique tooling，指的是专用设备的性能特点；R 指 Required hardware,指的是五金件的性能与技术参数；O 指 Ongoing Obility, 指的是不断掌握关键技术。32mm 系列自装配家具，也称拆装家具（Knock Down Furniture,KD），并进一步发展成为待装家具（Ready To Assemble,RTA）及 DIY（Do It Yourself）家具。

32mm 系列自装配家具，其最大的特点是产品就是板件，可以通过购买不同的板件，而自行组装成不同款式的家具，用户不仅仅是消费者，同时也参与设计。因此，板件的标准化、系列化、互换性应是板式家具结构设计的重点。

32mm 系统是以旁板的设计为核心。旁板是家具中最主要的骨架部件，顶板（面板）、底板、层板以及抽屉轨道等都必须与旁板结合。因此，旁板的设计在 32mm 系列家具的设计中至关重要。在设计中，旁板上主要有两类不同概念的孔：结构孔、系统孔。

1. 结构孔（图 3-40）

结构孔是形成柜类家具框架体所必须的。结构孔设在水平坐标上。旁板上留的结构孔即偏心件和涨栓的安装孔，是用于实现旁板与水平结构板（顶底板）之间的结构连接。

2. 系统孔（图 3–40，图 3–41）

系统孔用于装配抽屉、搁板、门板等零部件。系统孔一般设在垂直坐标上，分别位于旁板的前沿与后沿，系统孔直径一般为 5mm，孔深 13mm, 当系统孔作为结构孔时，其直径根据选用的配件而定，一般常为 5mm、8mm、10mm、15mm、25mm 等。系统孔距侧板边缘 37mm，系统孔在竖直方向上的中心距应保持 32mm 整数倍距离。

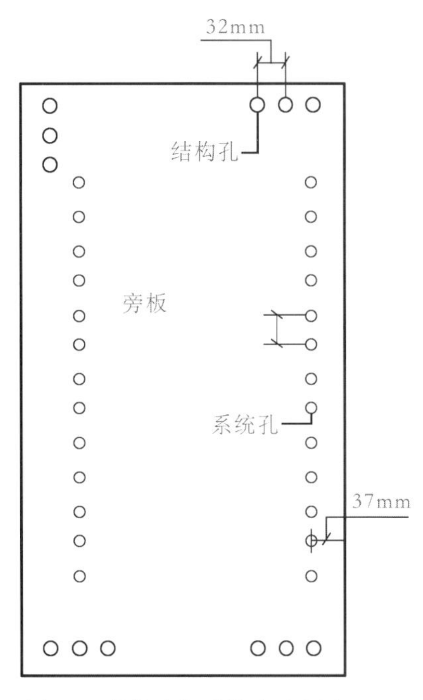

图 3-40 结构孔与系统孔示意图

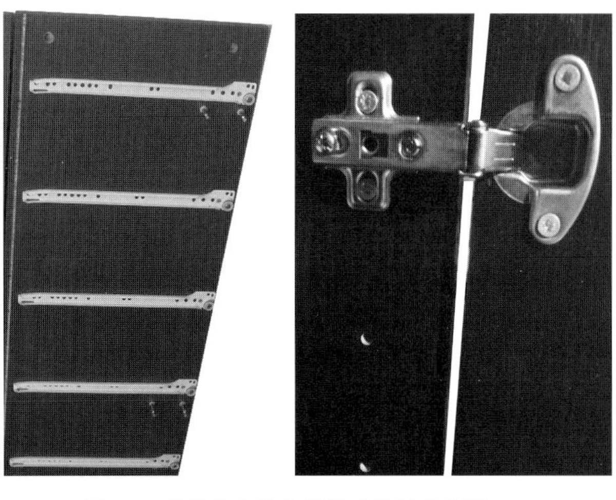

图 3-41 系统孔安装抽屉滑道及烟斗合页

3. 嵌入式连接件（三合一连接件）

现在的板式家具多数采用嵌入式连接件(即三合一）连接。三合一是板式家具中最常见的连接件。三合一由涨栓、螺栓、偏心件三部分组成：三合一相当于传统木工里的胶和榫卯结构。

三合一连接件的优点如下：

(1) 涨栓：加固专用；螺栓：连接专用；偏心件：解决了板材之间锁紧问题。通过涨栓，螺栓,偏心件组合的三合一连接牢固(图3–42)。

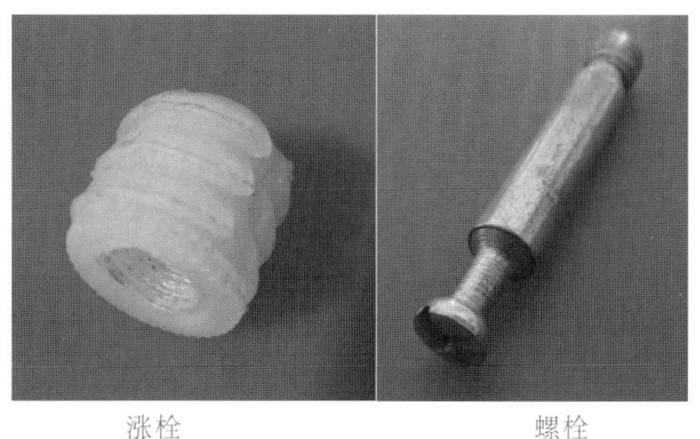

涨栓　　螺栓

涨栓、螺栓与偏心件的连接

偏心件

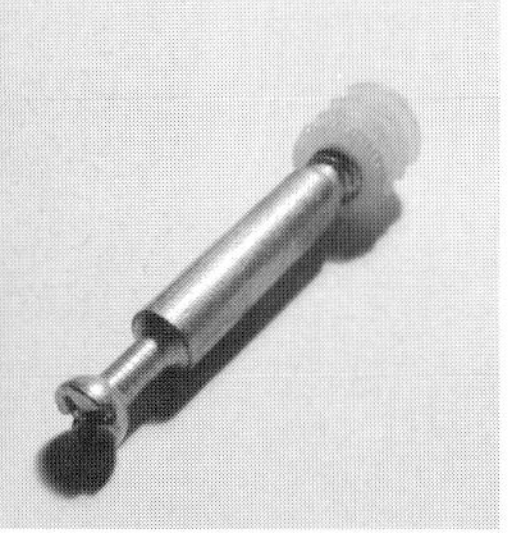

涨栓与螺栓连接

图 3-42 嵌入式连接件（三合一连接件）

(2) 三合一件连接可以多次拆装。这也是板式家具的优点之一。

(3) 三合一连接件具有很好的隐蔽性（图 3-43）。

(4) 三合一连接件，减少了黏合剂的使用。更加环保。

4. 板式家具组装

(1) 分别在旁板与面板上打孔（图 3-44）。

(2) 把涨栓放于面板的孔洞中，将螺栓安装于涨栓上并拧紧（图 3-45）。

(3) 将面板上的螺栓通过旁板断面直径为 7mm 的通孔与旁板进行结合，并在旁板的结构孔内放入偏心件（图 3-46，图 3-47）。

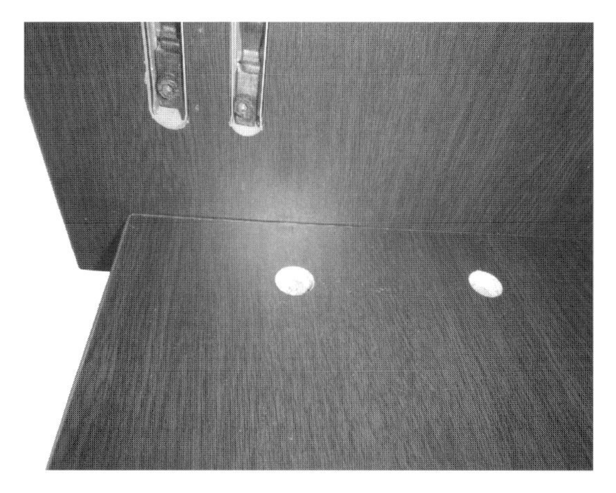
图 3-43 顶板与旁板用三合一连接件结合

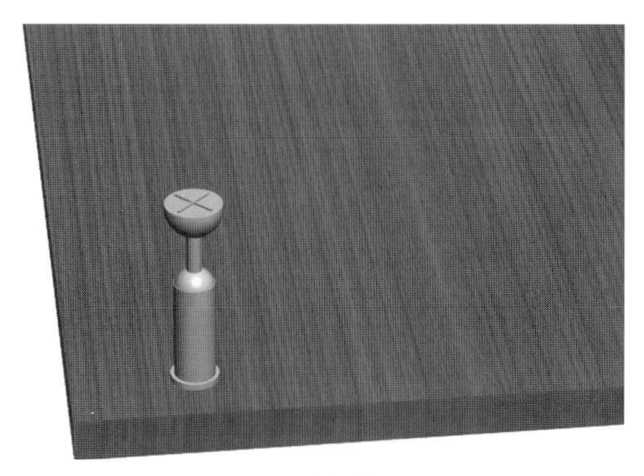
图 3-45 装螺栓

图 3-44 面板上打孔

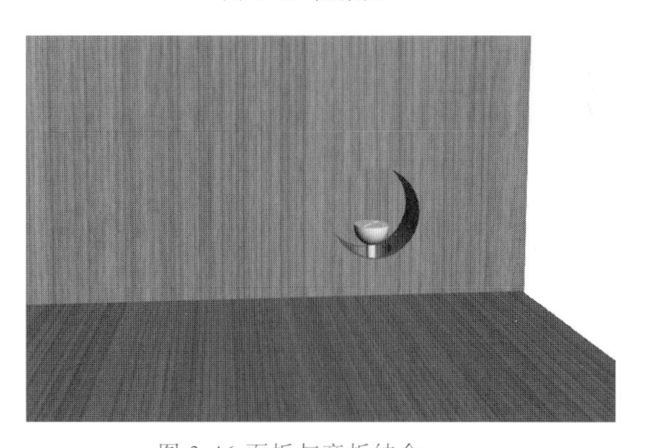
图 3-46 面板与旁板结合

图 3-47 旁板结构孔内放入偏心件

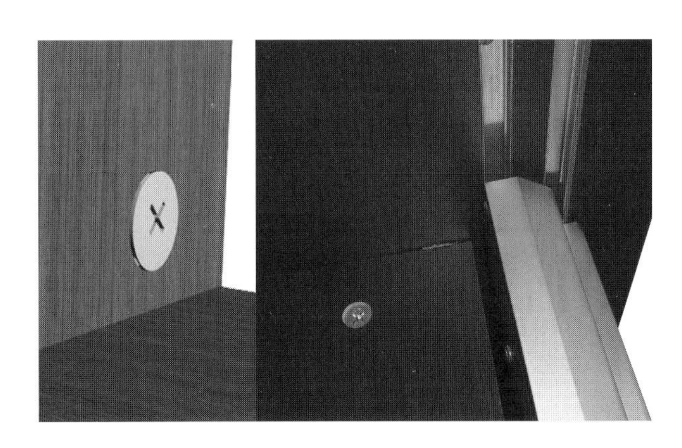
图 3-48 偏心件与螺栓固定

(4) 用改锥将拧牢固定（图 3–48）。

（七）表面涂饰

对于表面贴覆 PVC、防火板等的板材无需再进行涂饰。贴覆薄木、普通木纹纸的板件则需要进行涂饰。一般采用喷涂的方法，采用透明涂饰或不透明涂饰工艺。

第三节 软体家具的结构工艺

一、软体家具的概念

凡是与人体接触的部分由弹簧、填充材料等软体材料构成，使之合乎人体尺度并增加舒适度的特殊形态的家具成为软体家具或包裹家具。

其中以藤、绳、布、皮革、塑料、纺织面料、薄海绵等制作的称为薄型半软体结构家具，这些半软体材料有的直接编织在家具的框架上，有的缝挂在家具的框架上，有的单独织在框架上，再嵌入整体家具框架内（图 3–49）。

图 3-49 薄型半软体结构家具

还有一种为厚型软体结构家具。这个结构分为两部分，一部分为支架，另一部分是以泡沫橡胶或泡沫合成塑料为材料制成的泡沫软垫（图 3–50）。

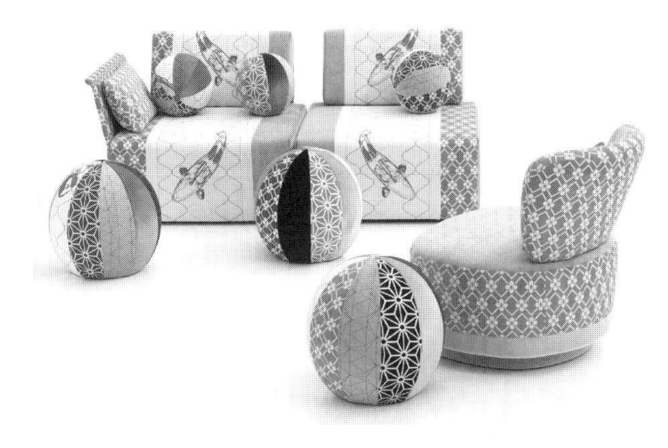
图 3-50 厚型软体结构家具

二、传统软体弹簧沙发的制作工艺

（一）钉架组框

在沙发内部结构框架制作中，目前比较常用的是选择木质复合材料与实木相结合的方式制作。对于木质复合材料多以三层板等为主。在沙发内部结构框架中，木质复合材料主要起造型作用，而实木材料主要起稳定结构的作用。沙发内部结构框架由 3 部分组成，即靠背框架、底座框架及扶手框架。图 3–51 为分体沙发内部结构框架，其中扶手框架与底座框架是分离的。木质复合材料选用的是多层板，厚度通常为 9~18mm，实木材料选用的是松木，结合方式选用的是钉枪相连。

1. 靠背内部结构框架

靠背内部结构框架主要由图3-51中的A、C、B和1、2、3、4等实木条组成。

2. 座框内部结构框架

座框内部结构框架主要由图3-51中的D、E和5、6、7、8、 9等组成，在其三个空心部位分别放置一定数量的独立弹簧。

3. 扶手内部结构框架

扶手内部结构框架主要由图3-51中F和10、11等所组成。

（二）钉制底座绷带

沙发等软体家具底座基本形状有方形、梯形、圆形等。底座由4个边组成（即前望板、后望板和旁望板）。需将一般软垫底座的绷带钉在座框望板的的上面，多以枪钉加以固定（图3-52）。或在框架内部用多层板作为底座和靠背的支撑。

（三）钉制靠背绷带

1. 当靠背基本是平面时，绷带横纵交叉呈“井”字形排列。但由于其受力相对于座框较小，绷带分布可以稍疏松点。

2. 当靠背特别弯（如圈椅靠背）时，要尽量避免使用水平绷带，因为水平绷带会使靠背变形走样，绷带应纵向排列（图3-53）。

图 3-52 钉绷带底座结构类型

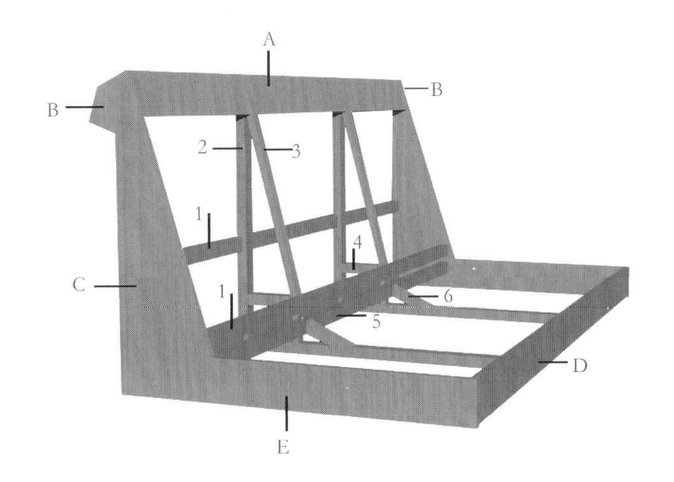

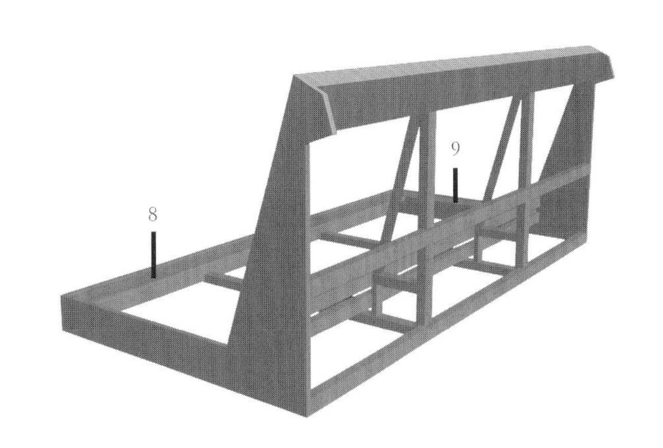

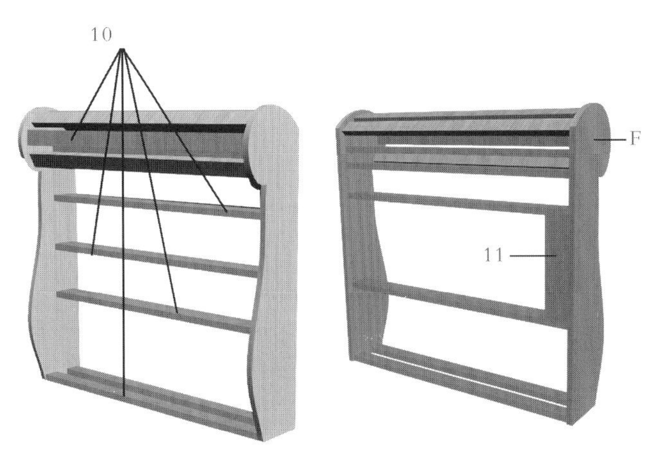

A. 靠背上望板 B. 靠背前后耳板 C. 靠背侧立板 D. 座前望板 E. 座侧望板 F. 扶手前后立柱板
1- 靠背前后横档 2- 靠背中撑 3- 靠背斜撑 4- 靠背纵撑 5- 座后横撑 6- 座斜撑
7- 座纵档 8- 座前横档 9- 座侧纵档 10- 扶手横档 11- 扶手立档

图 3-51

图 3-53 钉制圈椅靠背绷带

3. 当靠背为盘簧结构时，则必须采用纵横交错的绷带，才能满足支撑弹簧的强度要求。

（四）钉制扶手绷带

钉制扶手绷带，主要是形成一个支撑填料和包布层的基底，已完成扶手的包垫。扶手绷带一律钉在扶手内侧。在钉制扶手绷带时同样用手拽紧绷带即可，扶手绷带可垂直安装或水平安装（图 3–54）。

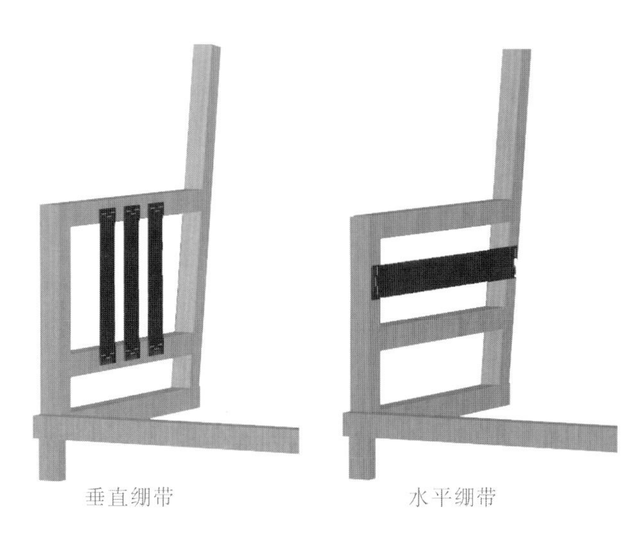

图 3-54 钉制扶手绷带

（五）盘旋弹簧的固定

在固定盘簧前，首先要安排盘簧的排列形式和数量。如果采用半软结构底座（沙发底座前方是软边），座底弹簧的横向间隙为 45~55mm；纵向间隙为 40~50 mm；靠背弹簧横向间隙为 55~60mm；纵向间隙 50~60mm。如果是硬边结构，座底弹簧的横向间隙为 45~55mm；纵向间隙为 60 左右；靠背弹簧横向间隙为 55~60mm；纵向间隙 50~60mm（图 3–55）。

（六）盘旋弹簧的绑扎

利用沙发绳将弹簧穿结成一个整体，这道工序是沙发制作中的一个重要环节，关系到沙发的制作质量和使用效果。绑扎的方法一般用吊底法，横纵斜三个方向的绳路呈“米”字分布（图 3–56）。

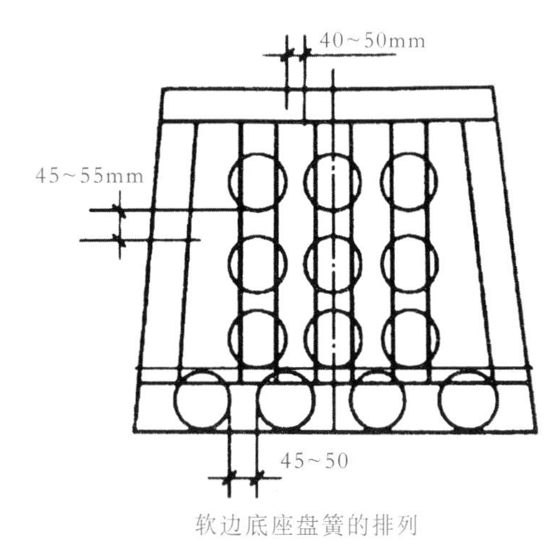

软边底座盘簧的排列

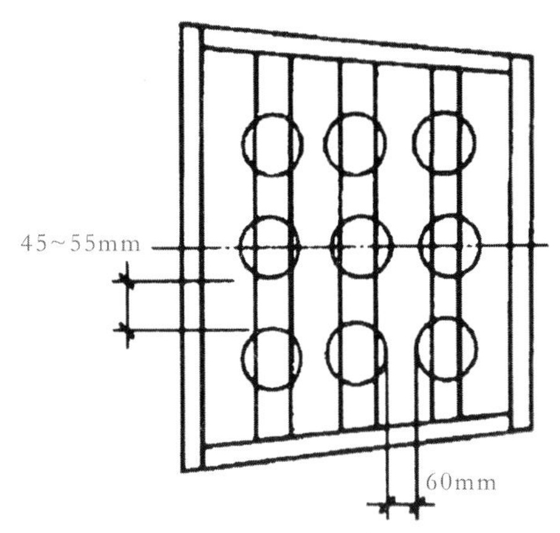

硬边底座盘簧的排列

图 3-55 盘簧的排列

(七)海绵切割及粘贴工艺

在沙发框架粘贴海绵之前，通常先钉一层麻布。麻布在沙发制作过程中主要有两方面的用途：在弹簧结构的沙发中覆盖弹簧；在非弹簧结构的沙发中覆盖绷带。

1. 海绵加工

先是按样板画线，然后对海绵进行切割加工。

2. 贴海绵

在钉好的内部框架的接触面上粘贴海绵，原则是先粘贴薄、硬的海绵，再粘贴厚、软的海绵。如果内部框架是绷带结构，可直接把胶喷在绷带上；而如果内部的弹簧是蛇簧，通常把胶喷在海绵上。

(八)面层布缝接

面层布主要起包覆固定填充层的作用，面层布应具有一定的抗拉力，一般采用缝接和钉接的方法。

(九)蒙面

为使沙发饱满而富有弹性，在蒙面前，应先在面料背部缝制一层薄胶棉。将裁减好的面料缝接在一起，与沙发的轮廓一致，最后用枪钉固定在边框上。

(十)钉底布

底布包括座面底布和靠背底布，是沙发的一层保护性材料，可防止灰尘进入沙发内部，一般采用泡钉固定。

三、现代沙发制作

现代沙发制作在工艺上更为简单，一般不采用弹簧作为软体材料，而是选用发泡橡胶或泡沫塑料为软体材料。制作时与传统弹簧沙发一样也是先做框架，并在框架内部钉制绷带，或在框架内部用多层板作为底座和靠背的支撑。不同之处在于框架内部没有使用传统沙发中的弹簧作为软体材料，而是根据设计要求包覆发泡橡胶，包覆的形状应与外型一致。接着应在发泡橡胶上包覆一层柔软的薄胶棉，以提高沙发的柔软度与平整度，最后是蒙面，其做法与传统做法相同（图3-57，图3-58）。

第四节 金属家具的结构工艺

一、金属家具的材料

(一)钢材

钢材是应用面最广的金属材料，在家具中应用最多的是普通碳素钢，有板材、管材及型材等。

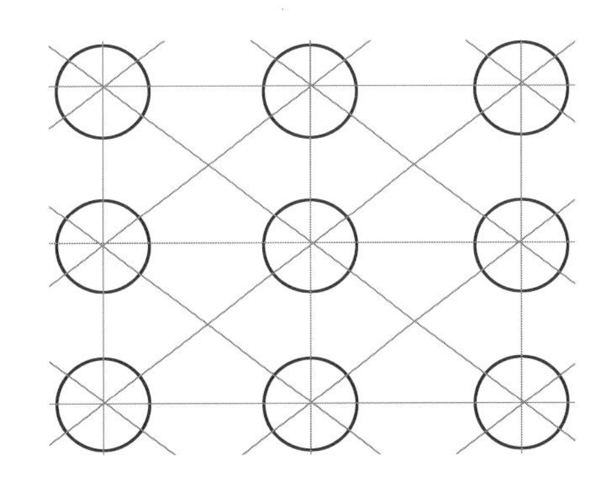

图 3-56 盘旋弹簧的绑扎

图 3-57 内部结构

图 3-58 现代沙发

图 3-59 钢带

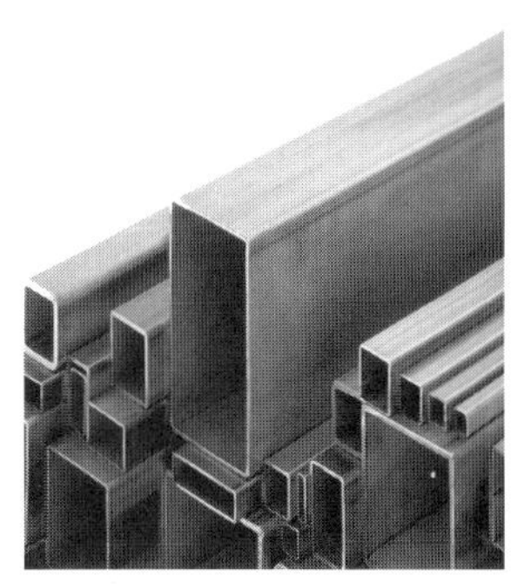

图 3-60 方形钢管

图 3-61 盘条

图 3-62 扁钢

图 3-63 铝合金

1. 钢板

钢板按厚度可分为薄板和厚板两大规格。家具企业通常使用厚度在 0.6~1.4mm 厚的薄钢板，宽度在 500~1400mm 之间。钢板的另一个分支是钢带，钢带实际上是很长的薄板，宽度比较小，常成卷供应，也称带钢（图 3-59）。

2. 钢管

钢管又分无缝钢管和焊接钢管，前者是钢材生产企业在生产中通过挤压成型出来的，整体性好，承受外界压力强，多用于管道运输中；后者是钢材加工企业采用钢带通过卷板机弯卷后再用高频电阻焊机焊接而成的管状钢材，常在家具制作中做支承部件。作为家具使用的钢管直径一般在 10~20mm，壁厚在 0.6~1.4mm，多用在椅类家具（图 3-60）。

3. 圆钢

圆形断面的实芯钢材，有冷轧和热轧两种，其中直径在 5~10mm 的产品是成盘供应的，称为盘条，也是金属家具使用最多的规格（图 3-61）。

4. 扁钢

宽度一般是 12~30mm，厚度 4~6mm，是一种截面长方形并带印边的钢材。家具用料多是 4~6mm，圆钢与扁钢一般用于家具零部件的连接（图 3-62）。

5. 钢丝

钢丝通常是指以盘条为原料，经过冷拔加工的产品。断面有圆形、椭圆形、方形、三角形及各种异型，一般以圆形断面为主。在家具制作中多用于制作弹簧，应用于沙发、软座椅、床垫等产品中。

（二）铝合金

铝合金是以铝为基础，加入一种或几种其它元素（如铜、锰、镁、硅等）构成的合金。它的重量轻，并且有足够的强度、塑性及耐腐蚀性。铝合金制成管材、型材和各种嵌条，应用于椅、凳、台、柜、床等金属家具和木家具的装饰中（图 3-63）。

二、金属家具的连接

（一）焊接

焊接通常在加工固定式结构时采用，焊接结构牢固度好，承载能力强，差不多与本体金属相当。但它手工操作工作量大，难以实现机械化和自动化，因此生产效率偏低。

（二）铆接

铆接主要用于折叠结构或不适于焊接的零件，与焊接相比，铆接的刚性相对较小，在某些需要较大变形的部分，如折叠式的家具，采用铆接有利于整体结构的牢固。

（三）销连接

用销将被连接件连成一体的可拆连接。销也是一种通用连接件，可用于定位、铰链和锁定其他紧固件。

（四）螺钉连接

螺钉连接是一种可拆卸的固定连接，它具有结构简单、连接可靠、拆装方便等优点，在金属家具中应用非常普遍。

三、金属家具的制作工艺

（一）截断管材

截断管材的方法主要有四种：锯切、割切、车切、冲切。

1. 锯切

用边缘具有锯齿的刀具（锯条、圆锯片、锯带）或无齿的薄片砂轮等刀具将工件或材料切出狭槽或进行分割的切削加工。

2. 割切

通过刀具对旋转中的管材不断进行加压，通过挤压变形而使管材截断的加工方法。

3. 车切

由普通的金属切削车床或特制的简易专用车床，采用车刀将管材切断的一种切割方法。车切最大的特点是切口平齐，无毛刺、加工精度高，因此对断面要求较高的管材也有采用车切的方法进行割切的。不过这种切割因受车床加工长度的限制，不适合长度较大的零件。

4. 冲裁

就是在冲床上配备一定的模具和刀具进行的。冲裁下料生产效率高、噪声小，适用于各种截面形状的管材，只要使模具和刀具的刃口形状符合管材的截面形状即可。冲裁的缺点是切口部分会产生不同程度的瘪缩，应用面较窄。

（二）弯管

弯管一般用于支架结构中，弯管工艺是指在专用机床上，借用专用设备将管材弯曲成圆弧形的加工工艺（图 3-64，图 3-65）。

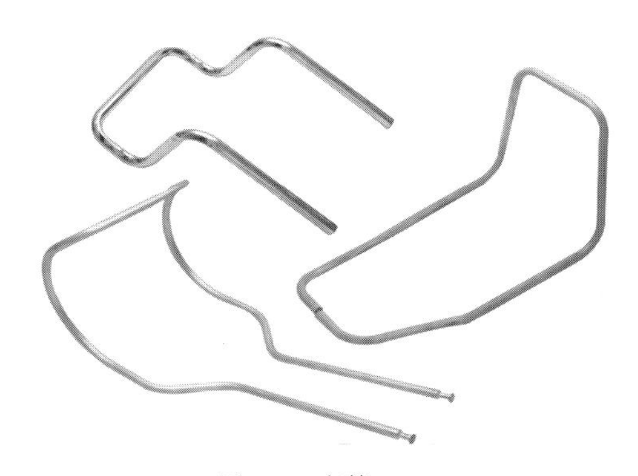

图 3-64 弯管

图 3-65 通过弯管工艺制作的家具

（三）钻孔与冲孔

当金属零件采用螺钉结合或铆钉结合时，零件必须钻孔或冲孔。钻孔一般采用台钻、立钻和手电钻。冲孔的生产效率比钻孔高 2~3 倍，加工尺度较为准确，可简化工艺。有时在设计中会用到槽孔，槽孔可直接用铣刀铣出来。

（四）焊接

焊接的方法有多种方法，常用的有气焊、电焊等。钢管在焊接后有焊瘤，必须切除，使表面平滑（图 3-66）。

（五）表面处理

零件的表面处理要经过电镀或涂饰处理。电镀是指在含有欲镀金属的盐类溶液中，已被度基体金属为阴极，通过电解作用，在基体表面上获得结合牢固的金属膜。

常用的涂饰工艺有溶剂型涂料的涂饰工艺和粉末涂料的涂饰工艺。

1. 溶剂型涂料的涂饰工艺

表面处理—涂底漆—刮腻子—打磨—涂面漆—自然干燥或烘干。

2. 粉末涂料的涂饰工艺

表面处理—覆蔽—喷涂—加热固化。

（六）部件组装

零件在进行最后的矫正后，根据不同的连接方式，用螺钉、铆钉等组成产品。

第五节 竹藤家具的结构工艺

竹材、藤材同木材一样，都属于自然材料。竹材坚硬、强韧；藤材表面光滑，质地坚韧、富于弹性，且富有温柔淡雅的感觉。竹材、藤材可以单独用来制作家具，也可以同木材、金属材料配合使用。

一、竹藤家具的结构

（一）骨架

竹藤家具的骨架的构成可分为三种：可采用竹材或粗藤条制作（图 3-67）；可采用木质骨架（图 3-68）；也可采用金属框架做为骨架（图 3-69）。

骨架的接合方法

1. 弯接法

一般采用锯口弯曲的方法，将竹材锯口后弯曲与另一竹材相接（图 3-70）。

图 3-66 金属焊接

图 3-67 竹做骨架

2. 插接法

这种方法是竹家具的独用的接合方法，用于竹杆之间的接合，在较大的竹管上开孔，然后将较小竹管插入，并用竹钉锁牢（图 3-71）。

3. 缠接法

这种方法是竹藤家具中最为常用的一种方法，竹制框架先在被缠接的竹杆上打眼；藤制框架应先用钉钉牢，组成一个框架后，再用藤条进行缠绕（图 3-72）。

图 3-68 木质做骨架

图 3-69 金属做骨架

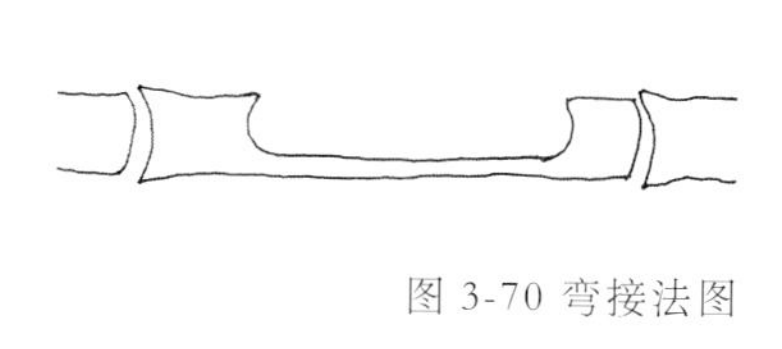

图 3-70 弯接法图

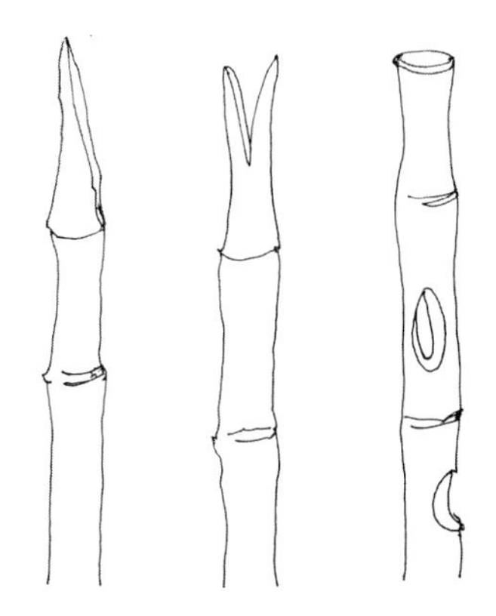

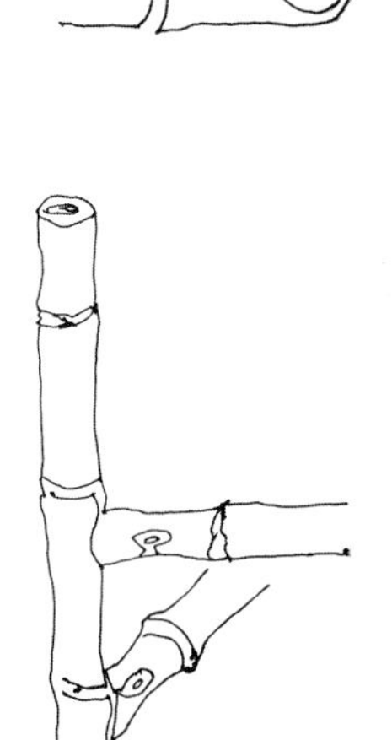

图 3-71 插接法

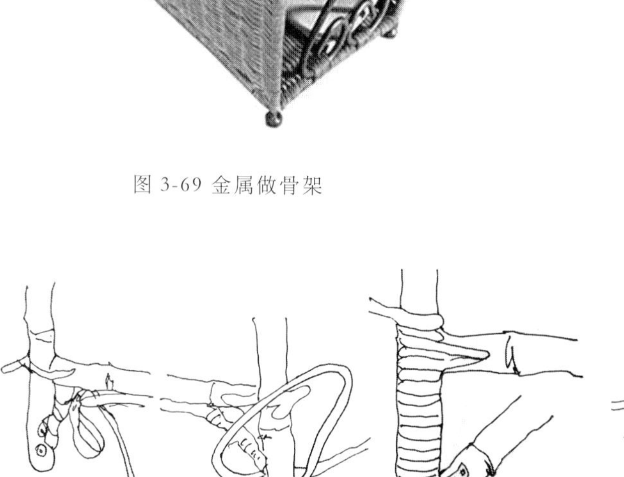

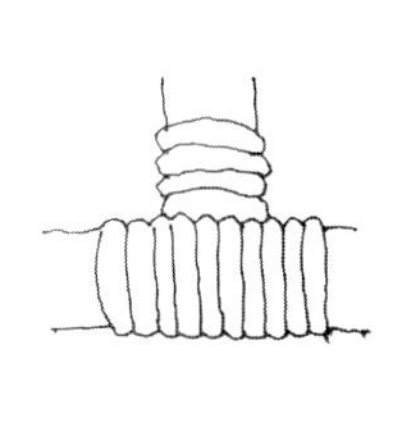

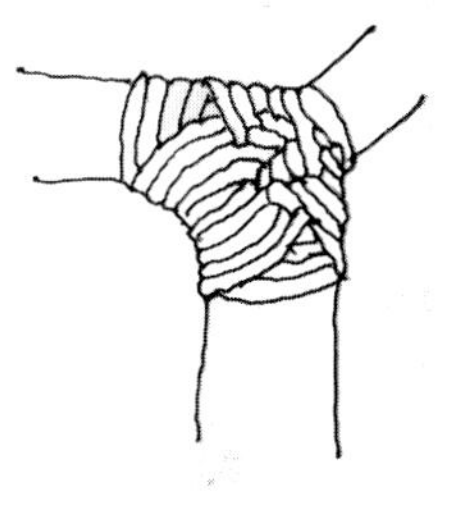

图 3-72 缠接法

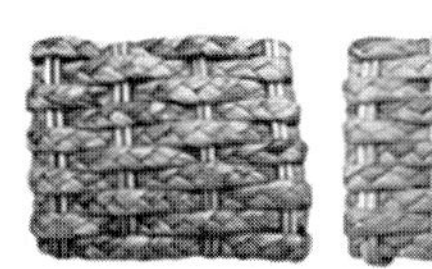

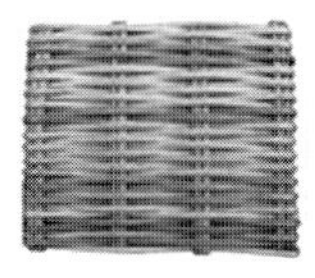

图 3-73 竹藤家具的编织方法

图 3-74 平面构件

图 3-75 曲面构件

图 3-76 体状构件

（二）面层

竹藤家具的面层，一般采用竹蔑、竹片、藤条、芯藤、皮藤等编织而成。编织方法可分为图案编织法、单独编织法、连续编织法（图3-73）。

1. 图案编织法

就是将编织好的各种形状和图案的面层，安装于家具的框架上，这种方法编织成的面层种类样式较多，除了可以满足装饰的需求外，还可以起到对受力构件的辅助支撑作用。

2. 单独编织法

就是编织结扣和单独图案组成面层的方法。结扣用于连接构件，图案用于不受力的编织面上。

3. 连续编织法

是一种用四方连续构图方法编织组成面的方法，可以编织出椅、凳等家具的受力面部分及其它储存类家具的维护面结构。采用皮藤、竹蔑等扁平材料编织称扁平编织；采用圆形材料编织称为圆材编织。

二、竹藤家具构件的制作方法

（一）平面构件

以木制或金属等材料为基材（可为平板也可为框体）上覆竹藤编织，中间可加棕丝。常用在坐面板、台面、柜门等平板构件（图3-74）。

（二）曲面构件

以模压板或金属做基材，覆竹藤编织，特殊需要可作双面编织，中间可加棕丝。常用在坐面板，靠背板等曲面造型构件（图3-75）。

（三）体状构件

以木制或金属材料做成体块状框架结构，覆以编织。可看作面状部件（平面或曲面）的结合。常用于坐墩、箱筐或特殊造型构件（图3-76）。

（四）线状构件（图 3-77）

1. 以大藤起框架，相同的框架不同的内部装饰，给人以不同的艺术感受。常用于摇椅扶手。

2. 以木材或大藤构成框架，内部结构装饰变化丰富。常用于柜角、望板、椅腿间等部位，起装饰和增强整体力学的作用。

3. 以木材或大藤构成框架，依据大藤框架的不同还可做靠背。常用于椅子、沙发等扶手（依据大藤框架的不同还可做靠背）。

三、处理方式

（一）表面处理

先把家具在加热过程中烧焦的表皮刮去并用砂纸打磨光滑，然后用化学药剂进行漂白，最后通体批腻子。批腻子既可以使表面平整还可以对加工时留下的缝隙或凹陷进行填补。

（二）涂饰涂料

涂饰涂料包括涂底漆和涂面漆，先涂底漆后涂面漆。底漆可防止面漆沉陷，减少面漆消耗，一般涂刷 2~3 遍。最后涂刷面漆。在整个涂刷底漆和面漆的过程中可采用人工涂饰或喷涂方式两种。

无论涂刷底漆还是面漆，每涂刷一遍漆后，必须使油漆干燥后才能涂刷第二遍。

（三）漆膜修整

漆膜修整包括磨光和抛光。磨光是指用砂纸或砂带除去表面的粗糙或不平，使漆膜表面平整光滑。抛光是指用抛光石膏摩擦漆膜表面，进一步消除经磨光后留在表面细微的不平度，进一步降低表面的粗糙度，并获得柔和稳定的色泽。

第六节 塑料及玻璃家具的结构工艺

一、塑料家具的结构工艺

塑料具有质轻、坚牢，耐水、耐油、耐蚀性高，色彩佳，成型简单，生产率高等优点。其最主要的特点就是易成型，且成型后坚固 、稳定，因此塑料家具常由一个单独的部件组成。如图 3-78 所示大卫· 科尔威尔设计的“轮廓”座椅。这只座椅的椅面由一块完整的丙烯酸树脂热压而成，套在简单的钢架上，虽几无色调，但仍显得十分精致。

图 3-77 线状构件

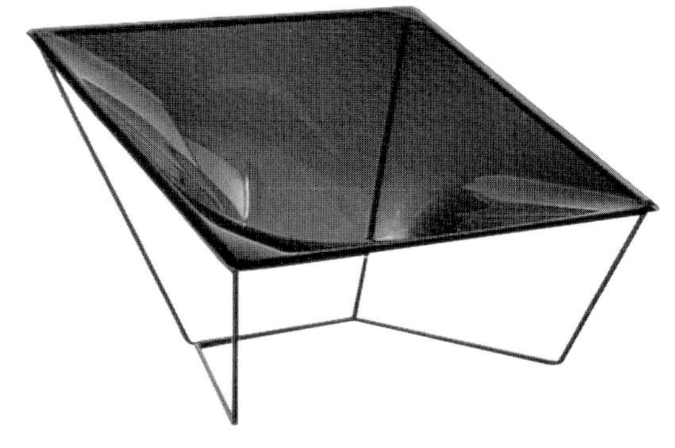

图 3-78 “轮廓”座椅

塑料品种很多，常用于家具的塑料有玻璃纤维塑料（玻璃钢）、ABS树脂、高密度聚乙烯、泡沫塑料、压克力树脂五种。

在进行塑料家具设计时，主要应注意一些细部的结构，如：塑料制品的壁厚、加强筋与支承面、模具的斜度与圆脚、孔与螺纹等。

（一）壁厚、加强筋与支承面

塑料家具根据使用要求必须具有足够的强度，但注塑成型工艺对制件壁厚有一定的限制，因此，合理地确定制品的壁厚是非常重要的（图3–79）。壁厚应尽量均匀，壁与壁连接处的厚度不应相差太大，并且应尽量用弧形连接。

有些塑料制品较大或需要承受较大的载荷，壁厚达不到强度要求时，就必须在制品的反面设置加强筋。加强筋的作用是在不增加塑件壁厚的基础上增强其机械强度，并防止塑件翘曲。加强筋的高度一般为壁厚的三倍左右，并有2°~5°脱模斜度，与塑件的连接处及端部都应以圆弧相连，加强筋的厚度应为壁厚的1/2。

（二）塑料家具斜度与圆角

塑料制品都是用模具注塑成型的，为便于脱模，设计时塑料制品与脱模方向平行的表面应具有一定的斜度。而且塑料之间的内、外表面及转角处都应以圆弧过渡，避免产生直角和锐角。

表3-1 常用塑料制件的壁厚范围

单位：mm

塑料名称	制作壁厚范围	塑料名称	制作壁厚范围
聚乙烯	0.9~4.0	有机玻璃	1.5~5.0
聚丙烯	0.6~3.5	聚氯乙烯	1.5~5.0
聚酰胺（尼龙）	0.6~3.0	聚碳酸酯	1.5~5.0
聚苯乙烯	1.0~4.0	ABS	1.5~4.5

（三）塑料家具中的孔、螺纹

塑料制件上各种形状的孔（如通孔、盲孔、螺纹孔等），应开设在不减弱塑料件机械强度的部位。相邻两孔之间和孔与边缘之间的距离通常不应小于孔的直径，并应尽可能使壁厚一些。设计塑料制件上的内、外螺纹时，必须注意不影响塑件的脱模和降低塑件的使用寿命。制作螺纹成型孔的直径一般不小于2mm，螺距也不宜太小。

小贴士：塑料多样化的材料特性能够挑战或改进很多常规材料的特性。设计师可以对塑料表面进行处理和装饰，只要设计师具有丰富的想象力，就能使其呈现出无穷的魅力。塑料适合于制造复杂的形态，具有很好的化学稳定性和弹性，同时还可以通过加工产生透明的效果。

如图3–80所示为1956年，埃罗·沙里宁为诺尔公司设计的一件名为“郁金香”的椅子，椅形像一朵浪漫的郁金香，又像是一只优雅的酒杯（也称“杯”椅），采用塑料和铝两种材料，形状浑圆优雅，以管状的铝合金为支架，椅面为织布内包泡沫乳胶衬垫。圆足设计使椅脚变

图3-79 堆垛式座椅的加强筋　　图3-80 郁金香扶手椅子

得更简洁，摆脱了传统椅子四角支撑的结构，使人们坐在椅子上时，腿部有更多的活动空间。

如图3-81所示 为“普拉顿巨型草”的设计，它为人们躺下休息提供了人造草坪，设计师由此创造出一种新的符号。普拉顿巨型草作品颠覆了常规的设计方式。

图 3-81 普拉顿巨型草

二、玻璃家具的结构工艺

(一)玻璃的成型

玻璃成型是将融化的玻璃液加工成一定形状的制品的过程。成型方法主要有吹制成型、压制成型、拉制成型和压延成型等。

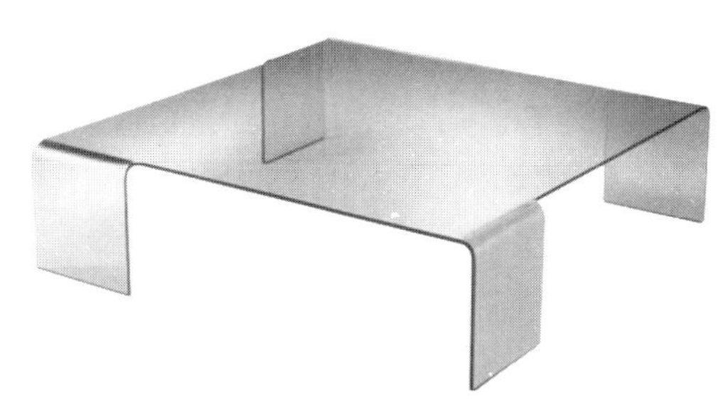
图 3-82 玻璃茶几

(二)玻璃的热处理

玻璃的热处理包括退火和淬火。退火是在玻璃成型以后进行若干热处理，减少和消除玻璃制品中的热应力，使内部结构稳定；而淬火是在熔融的玻璃上洒水使其硬化并发生反应，产生透明度和色泽等，同时淬火提高了玻璃的机械强度和热稳定性。

(三)玻璃的热弯加工

玻璃的热弯加工是由平板玻璃加热软化在模具中成型，再经退火制成曲面玻璃的过程，可制作出各种流线型的家具(图3-82，图3-83)。

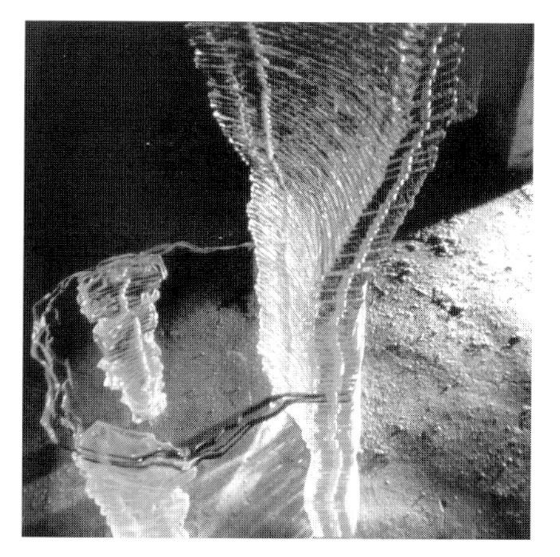
图 3-83 玻璃座椅

本章小结

本章首先针对不同材质的家具进行了工艺结构的详细分析，使读者能够比较全面的了解家具的工艺结构。并辅以大量的图片说明，使本章的内容丰富详尽，图文并茂。

复习思考题

1. 什么是“32mm”系统?
2. 榫结合的技术要求有哪些方面?

课堂实训

分别简述板式家具与软体家具的结构工艺。

要求：以简单的草图加以文字的形式进行阐述，图文并茂。

第四章 家具的人体功能尺度

学习要点及目标

- 本章主要结合人体功能讲述不同类型的家具的尺度要求。
- 通过本章学习，了解符合人体功能的不同类型的家具尺度。

引导案例

在使用椅子模式时，首先要注意所给的数据和曲线，不是成品椅子的实际数据和曲线，而是人体坐到座面，座面变形后的数据和曲线，特别对于软体椅子来说，这一点至关重要。而实际生活中的坐姿千姿百态，或盘腿、或跷腿、或伸腿、或侧坐、或倾斜歪坐、或挪动臀部等。所以在实际设计椅子时，以椅子模式为依据，按照“尽可能适应基本姿势，有利于姿势变化”这一原则来确定椅子的尺寸、形状和选择材料。

通过上述描述，按照功能和用途设计椅子可归纳为以下六种模式。

1. 作业用椅（A 型）

A 型座椅，主要用于工厂装配坐椅（如电子工厂的装配生产线）和学生课椅，其支持面曲线适于这类作业性强的椅坐姿势。

设计数据：座位基准点（坐面高）为 400~440mm，座面倾斜角度为 0°~3°，上身撑角约为 95°；有一个在工作时能支撑住腰部的弧形靠背，支撑角近似直角（图 4-1）。

2. 一般作业用椅（B 型 ）

B 型作业用椅，主要用于办公室和会议室。

设计数据：座面高为 400~440 mm，座面倾角 0°~5°，上身支撑角约 100°；工作时以靠背为中心，具有与 A 型相同的功能．不同之处是靠背点以上的靠背弯曲圆弧在人体后倾稍作休息时，能起支撑的作用（图 4-1）。

3. 轻度作业用椅（C 型）

C 型椅子适用于餐厅和会议室。它和 II 型用椅不同之处在于用手作业的时间短，利用靠背休息的时间长。故其靠背设计成既能在人体工作时支撑腰部，也能在休息时略向后仰并能适当地支撑人体。

设计数据：座面高为 400~420mm，左面倾斜角为 5° 左右，上身支撑角度约为 105°。这类椅子的特征是坐面高度接近于 B 型用椅，靠背的弯曲接近于 D 型用椅，因此起、坐都很方便，并且在上身后仰时，也能使人体处于舒适的休息状态（图 4-2）。

4. 一般休息用椅（D 型）

D 型椅子具有最适合于休息的坐姿支撑曲面，靠背的倾度也较大。

其设计数据是：座面高 330~360mm，座面倾斜角为 5°~10°，上身支撑角约为 110°。这类椅子的靠背支撑点从腰部延伸到背部，适宜作为开长会和客厅接待用椅（图 4-3）。

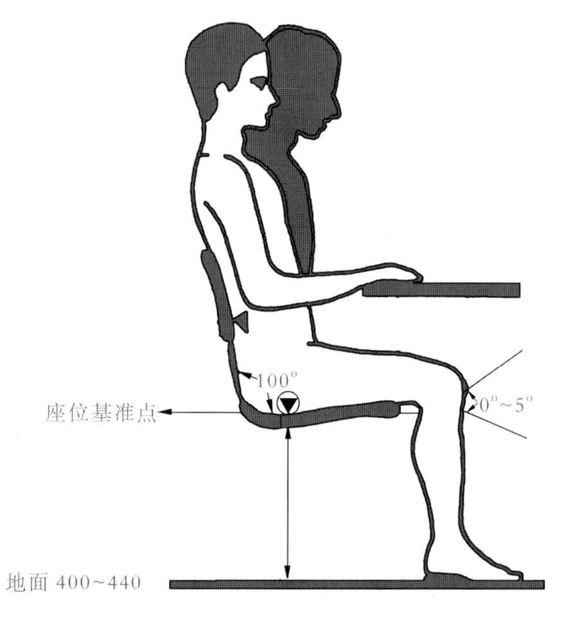

图 4-1 A 型和 B 型作业用椅的基本尺度（单位：mm）

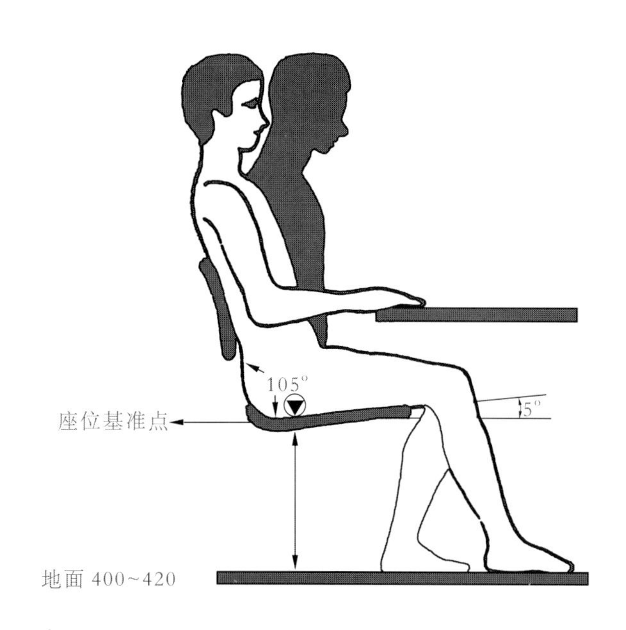

图 4-2 C 型轻度作业用椅的基本尺度（单位 mm）

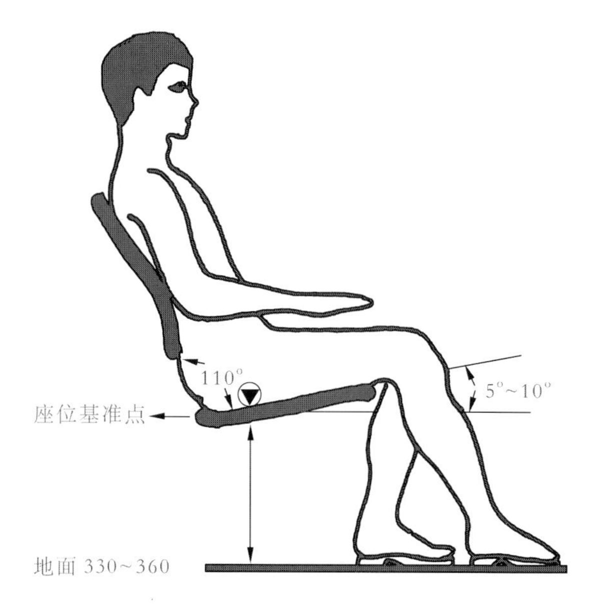

图 4-3 D 型一般作业用椅的基本尺度（单位 mm）

5. 休息用椅（E 型）

E 型椅子是一种腰部位置放低，适于身体放松，具有半躺性支撑曲线靠背的休息用椅。这类椅子适于在家庭客厅或会议室内进行长时间会聚、闲聊之用，讲究舒适，不使人久坐而疲劳。

设计数据：座面高 280~340mm，座面倾角 10°~15°，上身支撑角 110°~115°，靠背支撑整个腰部和背部（图 4-4）。

6. 有靠头休息用椅（F 型）

F 型座椅多指躺椅。椅子靠背的倾角超过 120°，增设了靠头，即可躺着休息，也可睡觉。设计数据：座面高为 210~290mm，座面倾角为 15°~23°。上身支撑角为 115°~123°。F 型椅子增设了靠头，若在 F 型椅子前面附设与座面高度大致相等的足凳，能使人体伸展放松，是休息功能最好的椅子（图 4-5）。

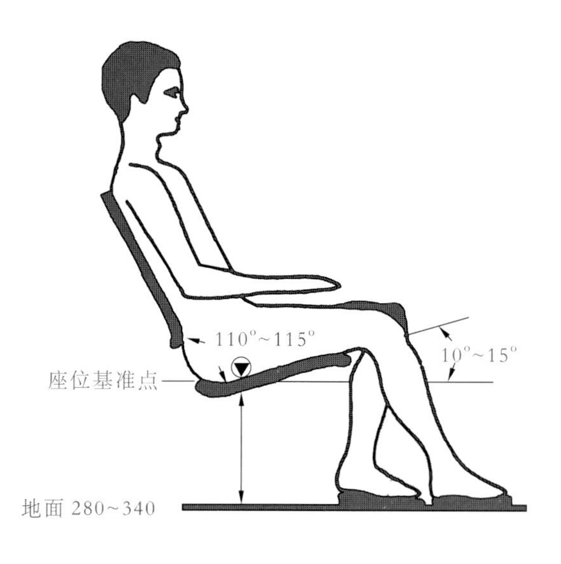

图 4-4 E 型休息用椅的基本尺度图（单位 mm）

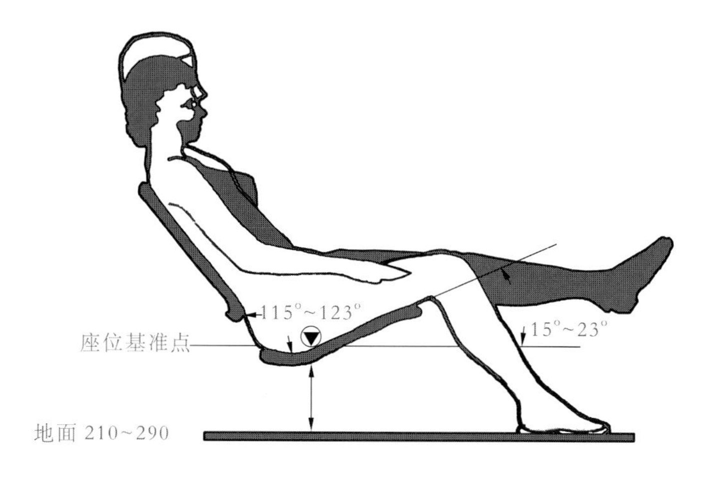

图 4-5 F 型休息用椅的基本尺度（单位 mm）

第一节 人体尺度

家具设计最主要的依据是人体的尺度。如人体站立的基本高度和伸手最大的活动范围，坐姿时的下腿高度和上腿的长度以及上身的活动范围，睡姿时的人体宽度、长度及翻身的范围等都与家具尺寸有着密切的联系。但由于家具的服务对象是多层次的，例如一张桌子或一把椅子可能被不同身高的人使用，所以我们通常采用平均值作为设计时的相对尺寸依据。因此对尺度的理解也要有辨证的观点，它还有一定的灵活性。

如图 4-6 所示坐椅，座面按人体工学进行设计并与靠背连接，由于整个座面和靠背都采用柔软尼龙织物，并且呈“丁”字形分布，使人体坐在其中不受坐姿制约，倍感舒适。支架由 7 根镀铬的钢管连接而成，对座面进行了有效的支撑。

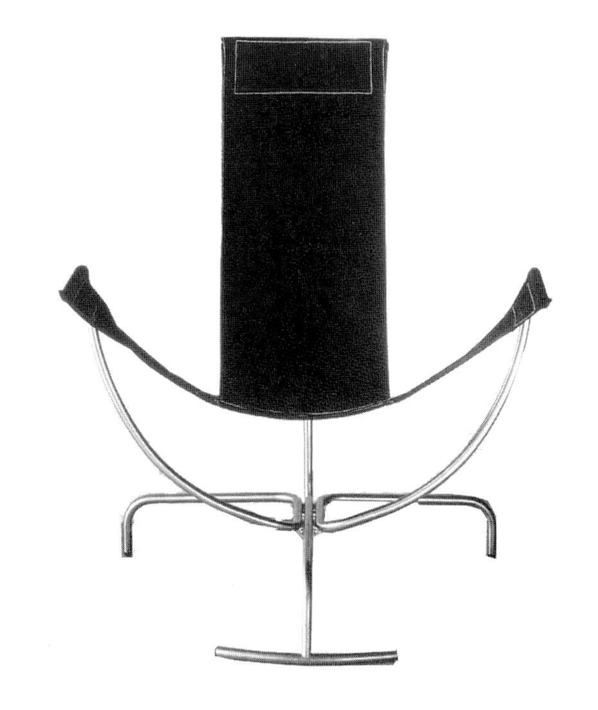

图 4-6 坐椅

第二节 支承类家具的尺度（坐卧类）

一、坐具的尺寸设计

坐具包括工作椅、扶手椅、凳子、轻便沙发椅、大型沙发椅、躺椅等。坐具的人性化设计体现在对每一个具体细节的舒适性、安全性的考虑。从适合人体功能入手主要考虑一下几个内容。

1. 座高

座高指座面前沿至地面的高度。座高是影响坐姿舒适程度的主要原因之一，座面高度不合理会导致不正确的坐姿，并且坐得时间长了，就会使人体腰部产生疲劳感。

座面过高，大腿前半部软组织受压力过大容易麻木（图 4–7）。

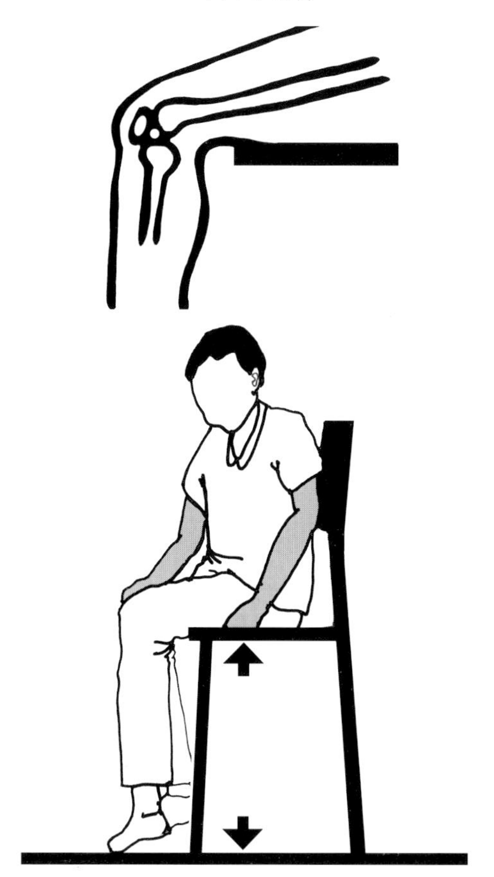

图 4-7 座面过高

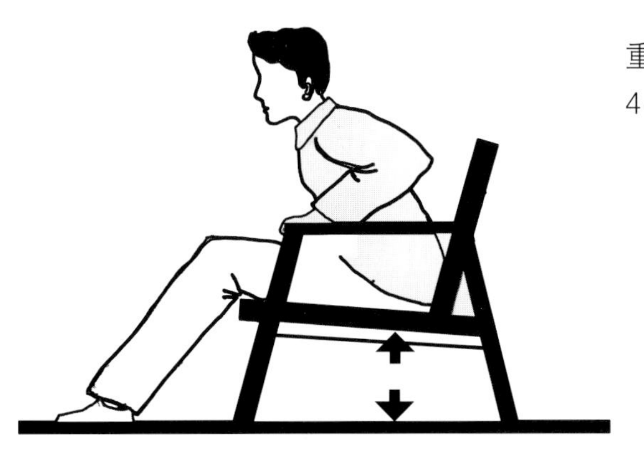

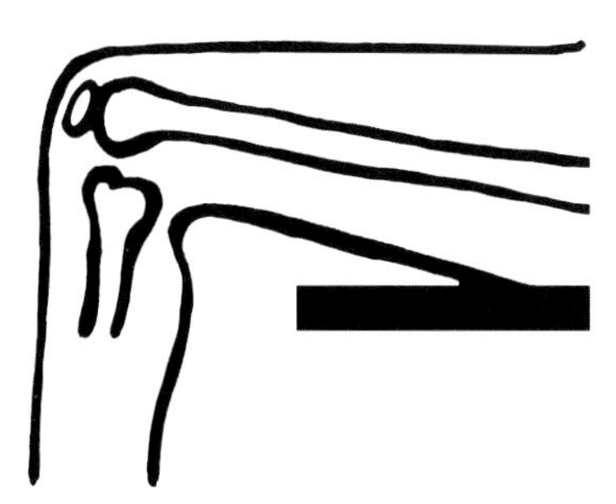

座面过低，人体前屈，背部肌肉负荷增大，重力过于集中坐首，易于疲劳，并且起立不变(图 4-8）。

图 4-8 座面过低

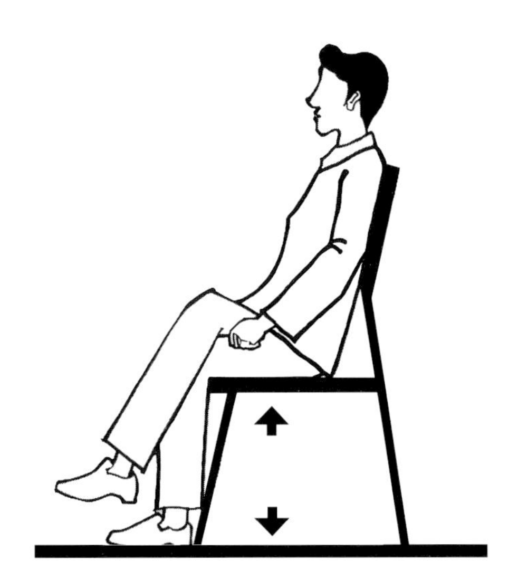

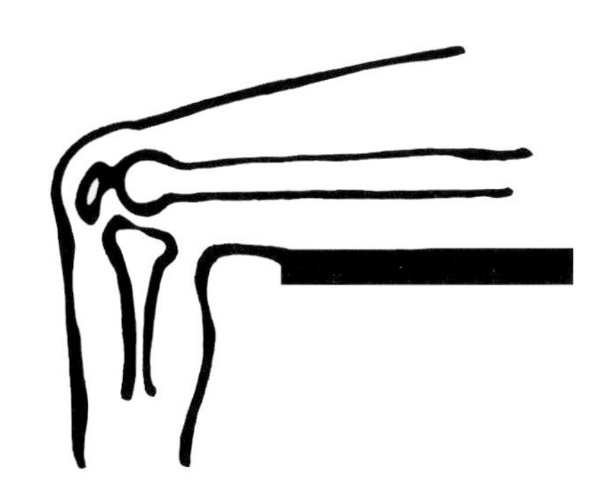

合理的座面高度应该是臀部全部着座，但坐骨骨节处体压最高，向前逐渐减小，使身体的重力均匀地分布在大腿和臀部上（图 4-9）。

图 4-9 座面适中

椅子的高度是由人的小腿的长度决定的（通常也应该把鞋跟的高度考虑进去），一般工作椅座高为 400~440mm；轻便沙发座高为 330~380mm。凳子因为无靠背，所以腰椎的稳定只能靠凳高来调节。凳面高度为 400mm 时，腰椎的活动度最高，即最易疲劳。其他高度的凳子，其人体腰椎的活动度下降，随之舒适度增大，这就意味着（凳子在没有靠背的情况下）凳子看起来坐高适中的（400mm）反而腰部活动最强，也就是说凳高应稍高或稍低于此值（图 4-10）。在实际生活出现的人们喜欢坐矮板凳从事活动的道理就在于此，人们在酒吧间坐高凳活动的道理也相同。

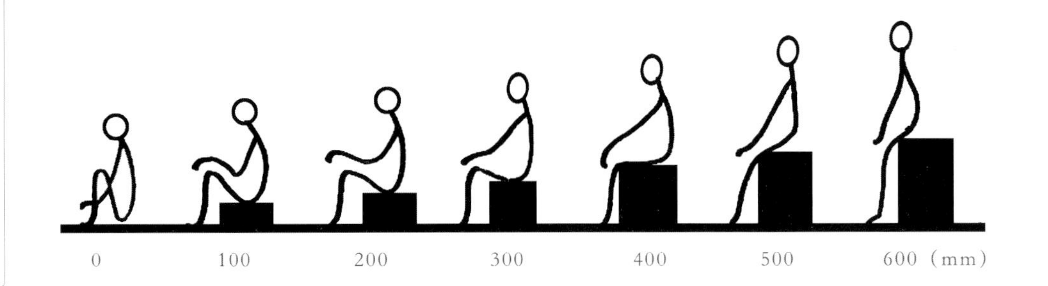

图 4-10 凳子坐高与腰椎活动强度

2. 座宽

指座面宽度。宽度应略大于臀宽，使臀部得到完全的支持，并有随时调整坐姿的余地。工作椅座宽不小于 350mm，联排椅应宽些，使人能自由活动；报告厅、影剧院排椅应不小于 540mm，餐桌、座谈桌的排椅应达到 660 ~ 690mm（图 4-11）。

3. 座深

指椅面前沿至后沿的距离。座深应足够大，使大腿前部有所支持，但不能过深，以免腰部支撑点悬空，小腿腘窝受压不舒服（图 4-12）。应小于座深使小腿与座前沿有 60mm 的间隙（图 4-13）。一般工作椅不大于 430mm，休息椅座深可大些，沙发是软座面，坐上后会下沉，使得实际坐面后沿前移，坐深应大些，但不要大于 530mm。

4. 座面曲度

指座面的凹凸度。它直接影响身体重力的分布。如果椅面过平，身体容易下滑（图 4-14）。一般采用左右方向近乎平直，前面比后面略高的形状，可以使身体重力分布合理，坐感良好。座面凹成臀部形状并不适宜，因为难以适应各种人的需要，也妨碍坐姿调整，而且是身体重力过于均布，大腿软组织会受压过大。

座面太窄而坐不下

扶手椅座面太宽而手臂脱空

图 4-11 座宽尺寸不当的后果

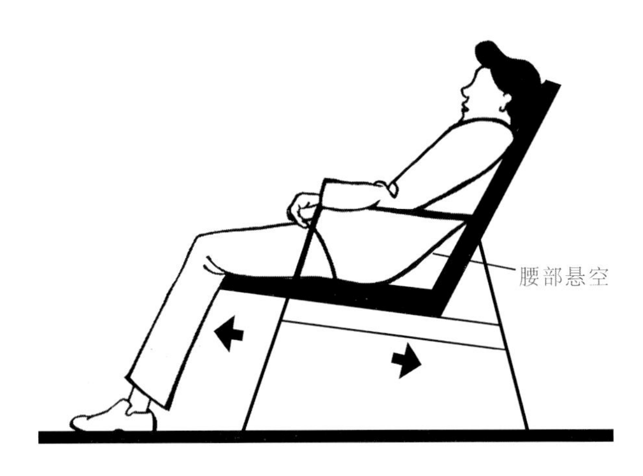

图 4-12 座面过深，腰酸背痛

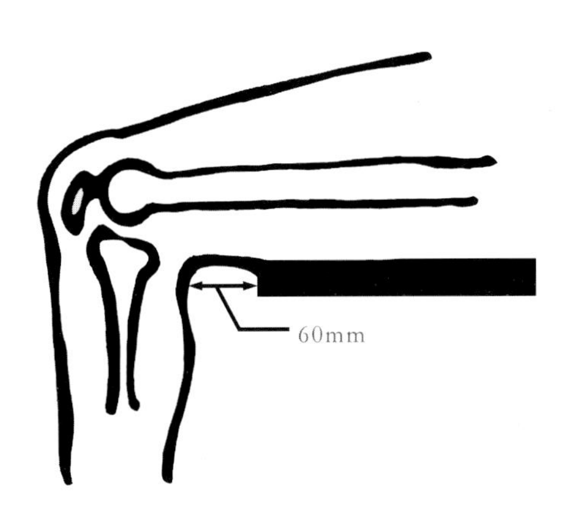

图 4-13 座深适宜

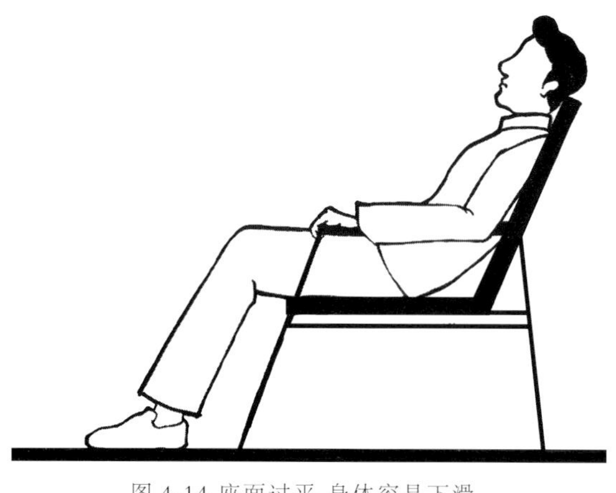
图 4-14 座面过平 身体容易下滑

5. 座面斜角与靠背斜角（图 4-15）

分别指座面、靠背与水平面的夹角。设置靠背是为了使人的上体有依靠，减轻对下体、臀部的压力，并使腰椎获得稳定，减少疲劳。靠背都有一定的倾斜，以便后靠，座面一般前部高，以防止靠背时身体向前滑动。休息、休闲用椅的座面、靠背斜角都应较大，让腰背部合理地分担较多的体重。工作用椅因身体前倾，座面斜角也不宜过大，见表 4-1。

表 4-1 座面斜角与靠背斜角的角度

家具类型	坐面斜角	靠背斜角	必要支撑点
工作用椅	0~5°	100°	腰靠
轻度工作用椅	5°	105°	肩靠
休息用椅	5°~10°	110°	肩靠
休闲用椅	10°~15°	110°~115°	肩靠
带靠头躺椅	15°~23°	115°~123°	肩靠加颈靠

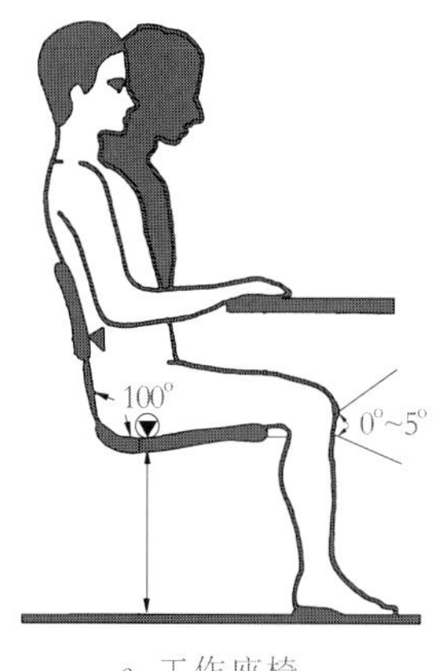

a. 工作座椅

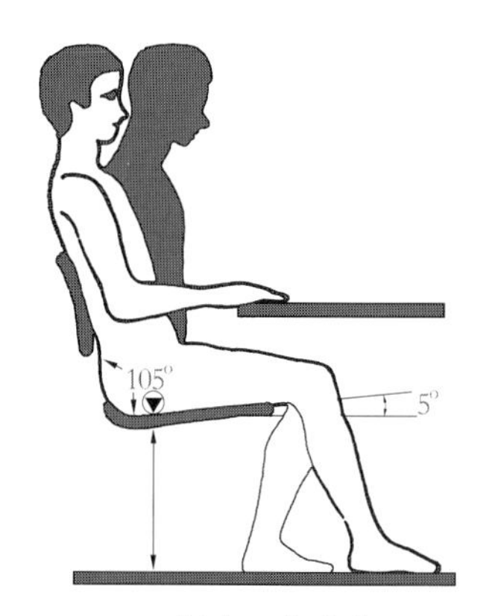

b. 轻度工作座椅

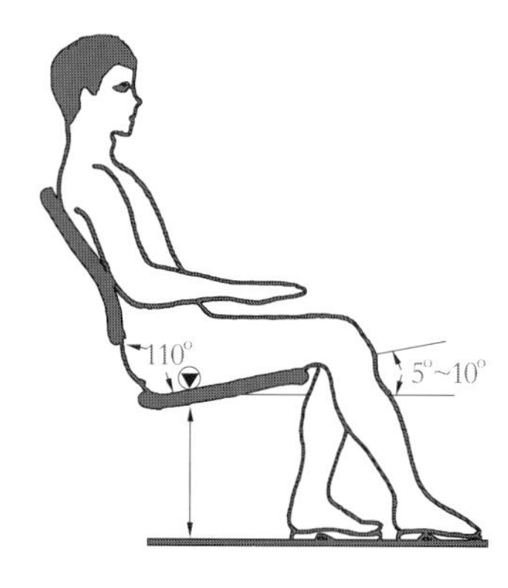

c. 休息用椅

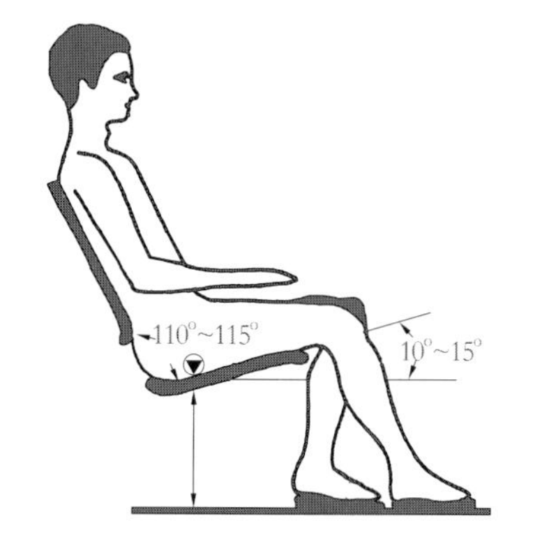

d. 休闲用椅

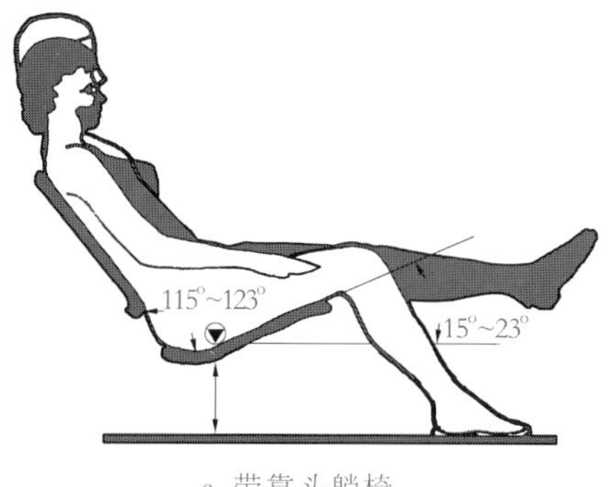

e. 带靠头躺椅

图 4-15 不同类型坐椅坐面斜角与靠背斜角的角度图例

6. 靠背高度

靠背有腰靠、肩靠和颈靠三个关键支撑点。设置腰靠不但可以分担部分人体体重，还能保持脊椎“S”形曲线，高度一般在 185 ~ 250mm。设置肩靠高度一般约为 460mm，这个高度便于在转体时能舒适地把靠背夹置腋下，如果过高则容易迫使脊椎前屈。设置颈靠应高于颈椎点，一般高度为 660mm。

无论哪种椅子，如果同时设置肩靠和腰靠，会更舒适。工作椅只设置腰靠，不设置肩靠，以利于腰关节与上肢的自由活动（图 4-16）。轻度工作椅靠背斜角比一般工作椅大，同时设置肩靠（图 4-17）。

休息用椅因肩靠稳定，可以忽略腰靠（图 4-18）。躺椅则需要增设颈靠来支撑斜仰的头部（图 4-19）。

7. 靠背形状

靠背设计要按照有利于舒适坐姿的曲线来设计，一般肩靠处的水平方向设计成微曲线为宜，曲率半径为 400 ~ 500mm，曲率半径过小会挤压胸腔。腰靠处水平方向最好与腰部曲线吻合，曲率半径可取 300mm（图 4-20）。

8. 弹性

工作用椅的坐面和靠背不宜过软。休息用椅的坐面和靠背使用弹性材料可增加舒适感，但要软硬适度。弹性以人体坐下去的压缩量（下沉量）来衡量，见表 4-2。

表 4-2 沙发椅的适度弹性

部位	坐面		靠背	
	小沙发	大沙发	上部	托腰
压缩量/mm	70	80~120	30~45	<35

图 4-16 工作椅

图 4-17 轻度工作椅

图 4-18 休闲椅

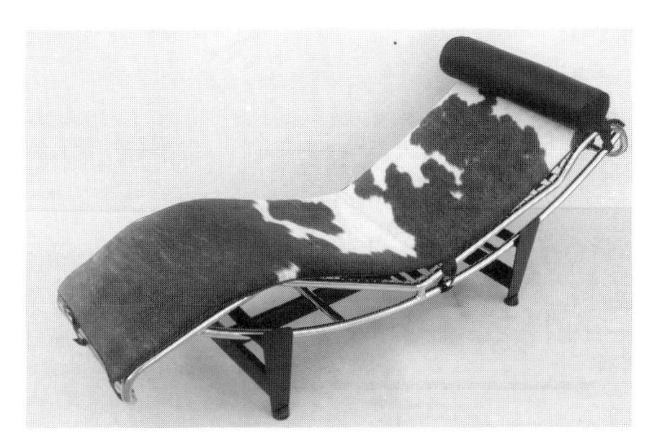
图 4-19 躺椅

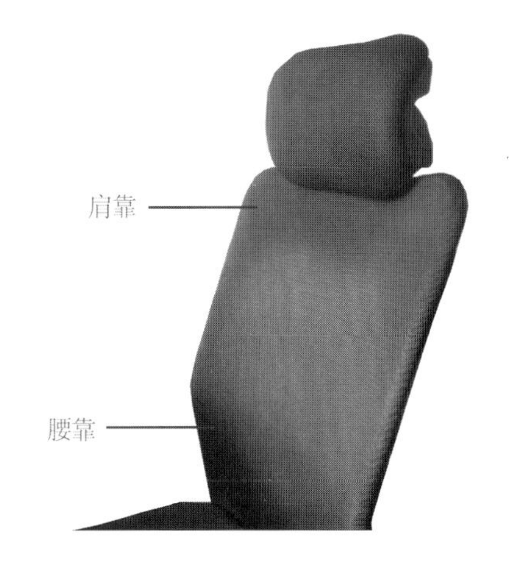

图 4-20 肩靠与腰靠曲率

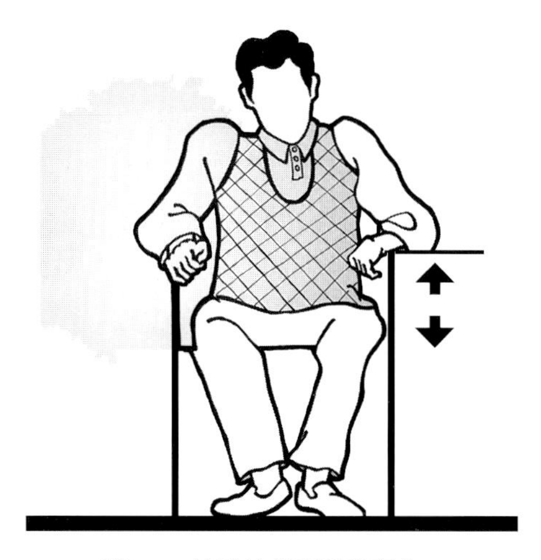
图 4-21 扶手过高而两肩高耸

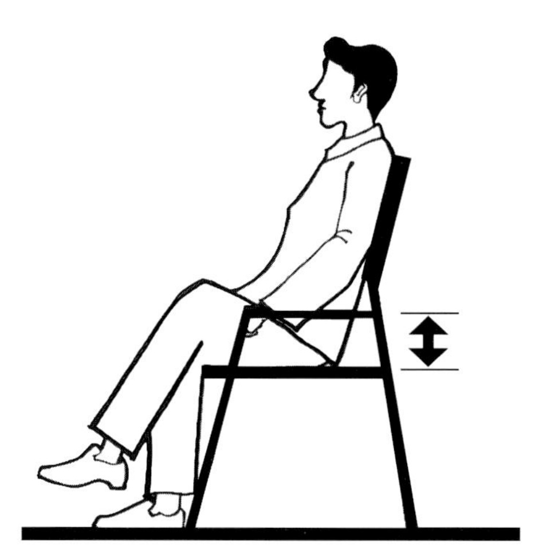
图 4-22 扶手过低而手臂失去支持

9. 扶手

设置扶手是为了支撑手、臂，减轻双肩、背部与上肢的疲劳。扶手高度应等于坐姿时的肘高。扶手如果过高，两肩容易高耸（图 4–21）；过低的话，手臂则失去了支持作用（图 4–22）。扶手正常高度约为 250mm, 要使整个前臂能自然平放其上。扶手倾角可取 ± 10°~ ± 20°扶手之间的内部宽度应大于肩宽，一般不小于 460mm，沙发等休息用椅可加大到 520~560mm。

二、坐具类家具的尺寸（表 4–3）

表 4-3 坐具类家具的尺寸

单位：mm

三人沙发	宽	深	高
	1600~1900	600~700	800~890
单人沙发	宽	深	高
	650 ~750	760	800~890
扶手椅	宽	深	高
	460 ~480	470~500	850~900
躺椅	长	宽	高
	1020 ~1100	650~750	800~980
硬椅	宽	深	高
	400~430	400~430	800~870
软椅	宽	深	高
	400~450	400~450	800~870
方凳	长	宽	高
	370~380	260	440

三、卧具的尺寸设计

床是供人睡眠休息的主要卧具，也是与人体接触时间最长的家具。床的基本尺寸要求是人躺在床上能舒适地尽快入睡，并且要睡好，以达到消除一天的疲劳、恢复体力和补充工作精力的目的。

人在睡眠时，并不是一直处于静止状态，而是经常辗转反侧，人的睡眠质量除了与床垫的软硬有关外，还与床的尺寸有关。

床宽：床的宽度直接影响人睡眠的翻身活动。日本学者做的实验表明，睡窄床比睡宽床的翻身次数少。当宽为 500mm 的床时，人的睡眠翻身次数要减少 30%，只是受担心翻身时掉下来的心理影响，自然也不能熟睡。实践表明，床宽自 700mm~1300mm 变化时，作为单人床使用，睡眠情况都很好。因此我们可以根据居室的实际情况，单人床的最小宽为 700mm。

床长：床的长度是指两床头板内侧或床架内的距离。为了能适应大部分人的身长需求，床的长度应以较高的人体作为标准计算。国家标准 GB3328-82 规定，成人用床床面净长一律为 1920mm，对于宾馆的公用床，一般脚部不设计床架，便于特高人体的客人需要，可以加接脚凳。

床高：床高即床面距地高度。床同时具有坐卧功能，还要考虑到人的穿衣、穿鞋等动作。一般床高在 400~500mm 之间。

双人床的层间净高必须保证下铺使用者在就寝和起床时有足够的动作空间，过高会造成上下的不便及上层空间的不足。国家标准 GB3328-82 规定，双层床的床底铺面离地高度不大于 420mm，层面净高不小于 950mm。这一尺寸对穿衣、脱鞋等一系列与床发生关系的动作而言也是合适的。

四、卧具类家具的尺寸（表 4-4）

表 4-4 卧具类家具的尺寸

单位：mm

		长(L)	宽(B)	高(H)
双人床	大	2000	1500	480
	中	1920	1350	440
	小	1850	1250	420
单人床		长(L)	宽(B)	高(H)
	大	2000	1000	480
	中	1920	900	440
	小	1850	800	420

	长(L)	宽(B)	高(H)
双层床	2050	800 ~900	1400
	底铺距地面高度不大于 420mm，层面净高不小于 950mm。		
婴儿床	700 ~ 1000	600 ~ 700	900~ 1100
折叠床	1850 ~ 1900	700	400

第三节 凭倚类家具的尺度

凭椅类家具是人们工作和生活所必需的辅助性家具。如就餐用的餐桌、写字台、课桌等；另有为站立活动而设置的售货柜台、收银台、讲台和各种操作台等，并兼做放置或储藏物品之用，由于这类家具不直接支撑人体，因此在人性化考虑上没有坐具类家具复杂。这类家具与人体动作只是产生直接的尺度关系，从适合人体功能入手主要考虑以下几个内容。

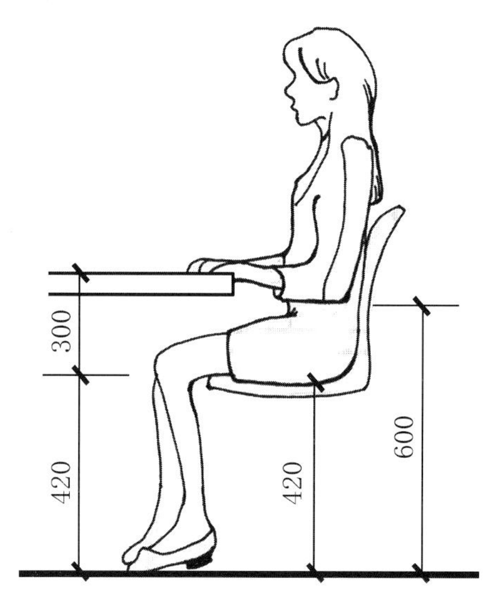

图 4-23 桌面与椅子坐面高差（单位 :mm）

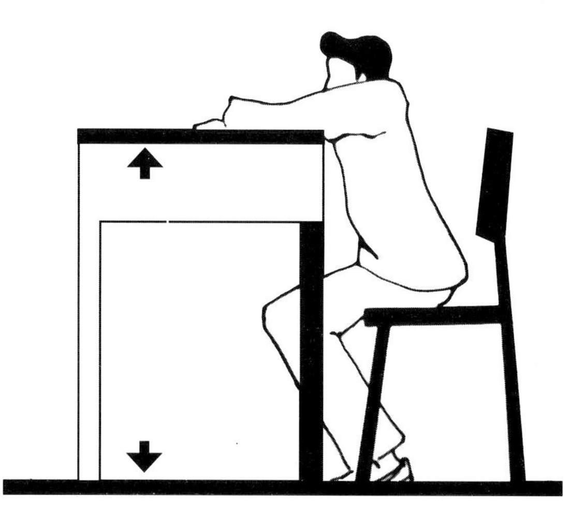
图 4-24 桌面太高，写字近视且耸肩

一、桌面高度

桌面高度一是要保证视距；二是要保证置肘舒适，以桌椅高差（桌面与椅子坐面高差）来保证，300mm 为宜（图 4-23）。桌面过低，容易使脊椎弯曲，腹部受压，易驼背。桌面过高，容易引起脊椎侧弯、耸肩、近视，肘也常被迫放于桌面之下（图 4-24）。

二、桌面尺寸

我国国家标准 GB3328-82 规定，桌面高度位 H=700~760mm, 级差为△ S=20mm。即桌面高可分为 700mm、720mm、740mm、760mm 等规格。我们在实际使用时，可根据不同的特点酌情增减。中餐桌的桌面高度可与书写用桌相当。西餐桌、电脑桌、梳妆台的桌面高度可降低些，以便于操作。

双柜写字台长为 1200 ~ 1400mm，宽为 600 ~ 750mm；单柜写字长为 900 ~ 1200mm, 宽为 500 ~ 600mm；长度级差为 100mm；宽度级差为 50mm；如有抽屉的桌子，抽屉不能做的太厚在 120 ~ 150mm, 抽屉下沿距椅子坐面至少应有 150 ~ 172mm 的净空（图 4-25）。左右空间的宽度为臀部加上活动余量应不小于 520mm。

立式用桌（台）的基本要求与尺寸。立式用桌主要指售货柜台、营业柜台、讲台、服务台及各种工作台等。站立时使用的台桌高度是根据人体站立姿势和躯臂自然垂下的肘高来确定的。按我国人体的平均身高，站立用台桌高度以 910~965mm 为宜。若需用力工作的操作台，其桌面可以少降低 20 ~ 50mm, 甚至更低。

立式用桌桌面下部无需留出容膝空间，因此桌台下部经常可作储藏柜用，但立式用桌的底部需要设置容足空间，以利于人体紧靠桌台，这个容足空间是内凹的，高度为 80mm，深度在 50~100mm（图 4-26）。

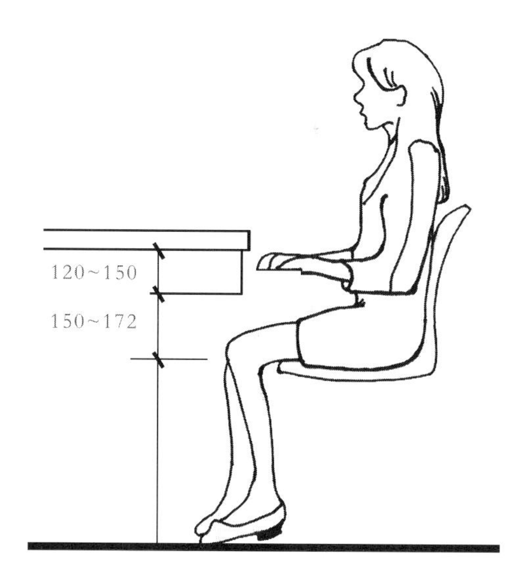

图 4-25 抽屉与抽屉下沿距椅坐面的尺寸（单位 :mm）

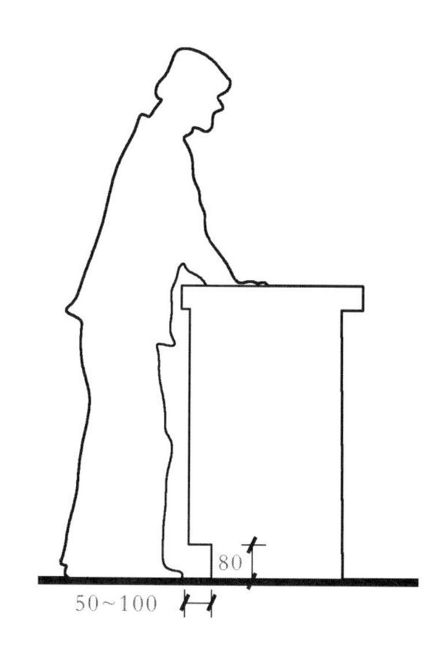

图 4-26 立式用桌底部设置容足空间（单位 :mm）

三、凭倚类家具的尺寸（表 4–5）

表 4-5 凭倚类家具的尺度

单位：mm

		长(L)	宽(B)	高(H)
写字台	大	1500	750	700~760
	中	1200	600	
	小	700	420	
打字桌、电脑桌		长(L)	宽(B)	高(H)
		1150	600	660~680
多媒体讲台		长(L)	宽(B)	高(H)
		1200	650	1000
演讲台		长(L)	宽(B)	高(H)
		695	360	1100
炕桌		长(L)	宽(B)	高(H)
	大	1000	600	350
	中	850	600	320
	小	800	500	320
梳妆台		长(L)	宽(B)	高(H)
	大	1200	600	700
	中	800	500	
	小	700	400	
长茶几		长(L)	宽(B)	高(H)
	大	1400	550	550
	中	1200	500	450
	小	1000	450	450
茶几		长(L)	宽(B)	高(H)
	大	650	460	580
	中	600	420	550
	小	560	400	500

第四节 储存类家具的尺度

储存类家具是收藏、整理日常生活中的器皿、衣服、消费品、书籍等的家具。可分为柜类和架类。柜类主要有大衣柜、小衣柜、壁柜、书柜、床头柜、陈列柜、酒柜等；而架类主要有陈列架、书架、衣帽架、食品架等。储存类家具的功能设计必须考虑人与物两方面的关系。一方面要求家具储存空间划分合理，方便存取，有利于减少人体疲劳；另一方面又要求家具储存方式合理，储存数量充分，满足存放条件。反之，则会给人们的日常生活带来不便（图4-27）。

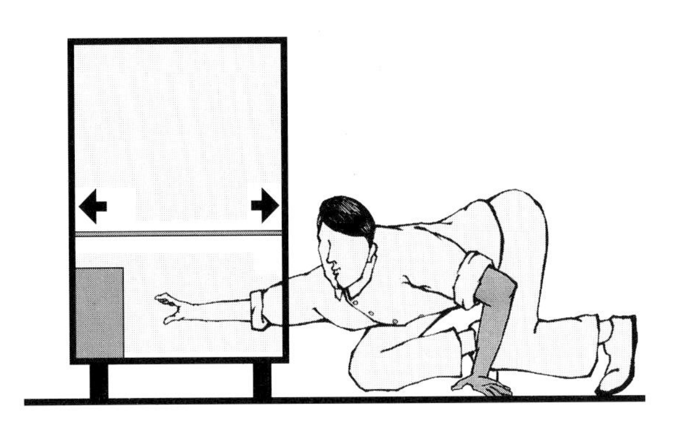

a. 柜子矮又深，取物费劲

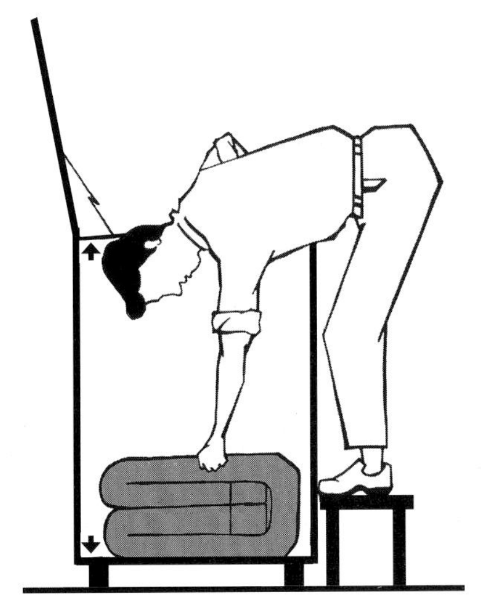

b. 箱体过深，取时不方便

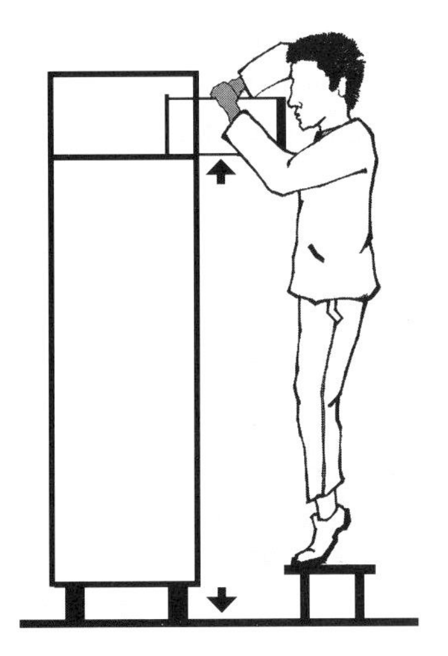

d. 抽屉太高，物品不易取出

c. 抽屉太浅，容易翻斗

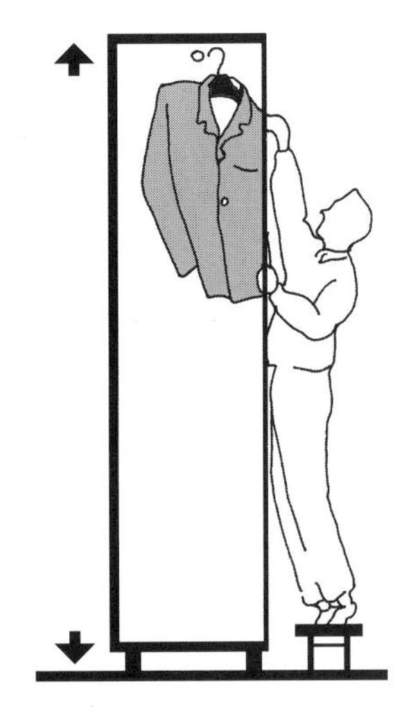

e. 柜子太高，挂衣困难

图 4-27 不适当尺寸的后果

一、存取物品动作尺度（图 4-28）

a. 站立时上臂伸出的取物高度，以 1900mm 为界限，再高就要站在凳子上存取物品，是经常存取和偶然存取的分界线。

b. 站立时伸臂存取物品较舒适的高度，1750~1800mm 可以作为经常伸臂使用的挂杆的高度。

c. 视平线高度，1500mm 是取放物品最舒适的区域。

d. 站立取物比较舒适的范围。600~1200mm 高度，但已受视线影响即需局部弯腰存取物品。

e. 下蹲伸手存取物品的高度，650mm 可作经常存取物品的下限高度。

f.g 是有炊事案桌的情况下存取物品的使用尺度，存储柜高度尺寸要相应降低 200mm。

根据上述分析，按存取物品的方便程度。我国的柜高限度在 1850mm，在 1850mm 以下的范围，根据人体的动作行为和使用的舒适性及方便性，再可划分为两个区域，第一区域以人肩为轴，上肢半径活动的范围，高度在 650 ~ 1850mm，是存取物品最方便、使用频率最多的区域，也是人视线最容易看到的视觉领域；第二区域为从地面至人站立时手臂垂下指尖的垂直距离，即 650mm 以下的区域，该区域存储物品不便，人必须蹲下操作，而且视域不好，一般存放较重而不常用的物品。若需要扩大储藏空间，节约占地面积，可以设置第三区域，即橱柜的上空 1850mm 以上的区域。一般可叠放橱架，存放较轻的过季物品，如图 4-29 所示，并见表 4-6。

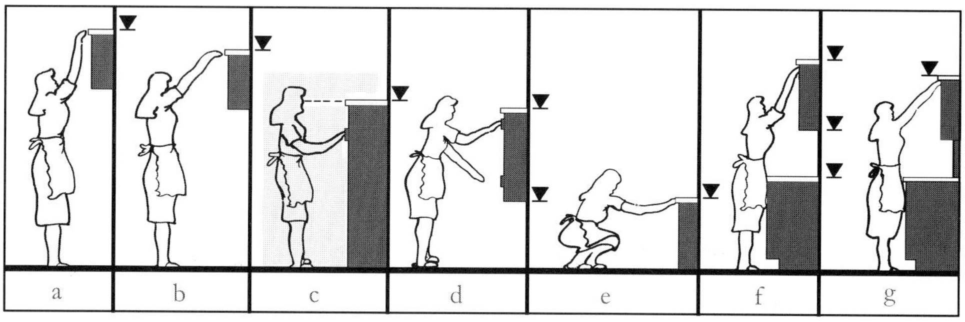

图 4-28 存取物品动作尺度

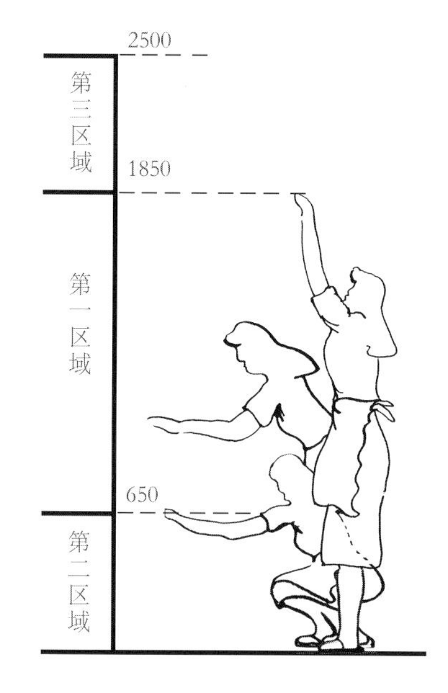

图 4-29 方便存取的高度（单位：mm）

表 4-6 存取空间

序号	高度（mm）	区间	存放物品	应用举例
第一区域	650~1850	方便存取空间	常用物品	应季衣服、日常生活用品
第二区域	0~650	弯蹲存取空间	不常用、较重物品	箱、鞋、盒
第三区域	1850~2500	超高存取空间	不常用轻物	过季衣服

二、各种储存类家具的尺度（表 4–7）

表 4-7 各种储存类家具的尺度

单位：mm

大衣柜	长（L）	1500~1800
	宽（B）	550~600
	高（H）	1800~2100
	内部尺寸范围	
	挂衣杆下沿至底板高	大于等于 850（挂短衣） 大于等于 1350（挂长衣）
	挂衣杆下沿至顶板高	40~60
	挂衣深度	大于等于 500（竖挂）
		大于等于 450（横挂）
	折叠衣物放置空间	大于等于 450
	顶层抽屉上沿距地面距离	小于等于 1250
	底层抽屉下沿距地面距离	大于等于 60
	抽屉深	400~500

活动货架		长(L)	宽(B)	高(H)
		800~1200	300~900	1500~3000
		两货架之间的距离		700~1250
固定货架		长(L)	宽(B)	高(H)
		1800~2000	500~700	2000~2500
		两货架之间的距离		1500~1800
书架		长(L)	宽(B)	高(H)
		700~900	300~360	1200~1450
		层高	大于等于 220	
文件柜		900~1050	380~450	1800
床头柜		长(L)	宽(B)	高(H)
	大	700	400	700
	中	600	400	600
	小	450	350	520
五斗柜		长(L)	宽(B)	高(H)
		900~1350	500~600	1000~1200

本章小结

本章主要从人体功能的角度出发，阐述不同类型家具的尺度要求。通过本章学习，了解符合人体功能的家具尺度，并辅以大量的图片说明，使读者了解到任何家具的尺寸都是以人体的舒适实用为出发点，通过合理的设计来提高人类的生活和工作的质量。如果设计者忽视了家具与人之间的关系，就会使家具设计迷失方向，陷入误区。

复习思考题

1. 不同使用环境中的坐具在尺寸设计时应注意哪些方面？
2. 如何考虑人体功能在家具设计中的作用？

课堂实训

1. 从人体功能角度出发，分别简述坐卧类、凭倚类、储存类家具在尺度设计时应考虑哪些方面的内容。

要求：文字说明即可。

2. 从人体功能角度出发，设计一件坐具。

要求：结合人体功能，通过合理的尺度，对家具形体进行设计，使用环境自定，办公、休闲均可。

第五章 家具造型设计

学习要点及目标

- 本章主要从家具造型设计的形态、色彩、造型要素、美学形式法则等几个方面入手，以家具造型的形态要素构成及不同的造型手法为研究对象，对家具的造型设计进行详细的阐述。
- 通过本章学习，掌握家具造型设计的方法，充分的理解造型要素的性质并在家具造型设计中加以合理的运用。

引导案例

造型是物体形式通过点、线、面、体为主要符号所表现出来的视觉语言。家具造型设计的“形态”决定了家具的“形状”，它不仅赋予了家具功能，也赋予了家具形式美，同时家具的“色彩肌理”与“表面装饰”决定了家具造型的外观性质，它们赋予了家具艺术美和特殊的文化意义。

图 5-1 鱼鳞板桌

图 5-1“鱼鳞板桌”，将木板像护墙板一样排列起来，这种设计灵感是来自鱼鳞板船。它的设计完全摒弃了传统的凭倚类家具设计，通过将一片一片木条以最舒适的间距组合成一个整体，对产品美感的追求并没有影响到产品的实用性。

第一节 家具造型的形态要素

造型设计的形体主要是靠人们的视觉感受到的，而人们视觉所接触到的东西总称为“形”，而形又具有不同的特征，如大小、方圆、厚薄、宽窄、高低等等，总体称之为“形态”。

从形态要素的角度来看，无论家具外部形态给人什么样的感觉，是复杂还是简单，直线还是曲线，都是由其形态的基本造型元素“点”、“线”、“面”、“体”构成的。

一、“点”在家具造型形态中的运用

点是形态构成中最基本的或是最小的构成单位。“点”一般理解为圆形、三角形、星形及其它不规则的形状，只要它与对照物之比显得很小时，都可称为点（图 5-2）。

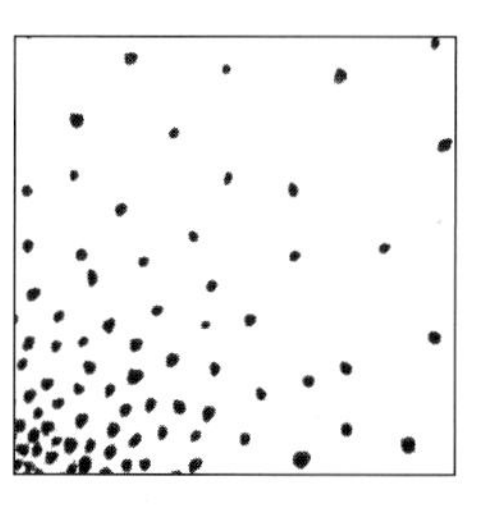

圆点

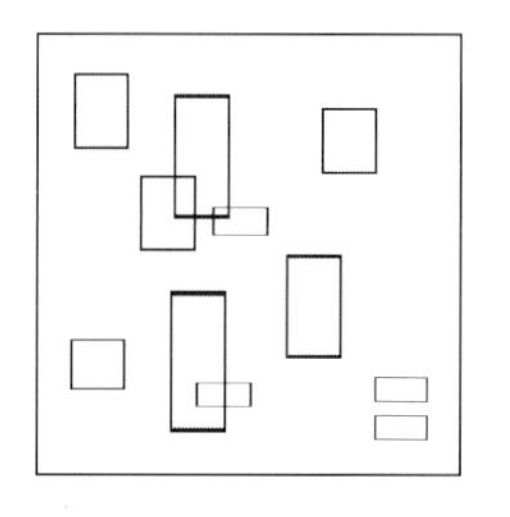

方点

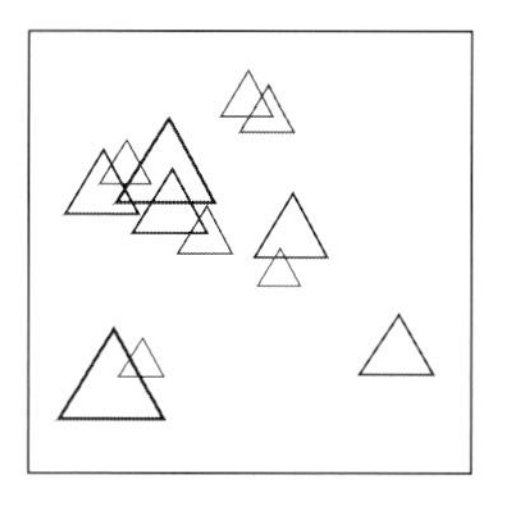

角点

不规则形点

图 5-2 点的形态

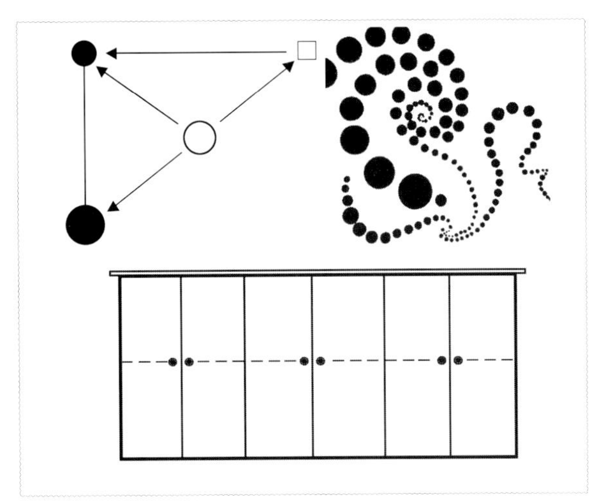

图 5-3 点的暗示作用

图 5-4 点在现代家具中的应用

图 5-5 点在现代家具中的应用

图 5-6 点在传统家具中的应用

在两个点的情况下，两点中产生一种眼睛看不见的（暗示）线，有着互相吸引的特征，注意力保持平衡，随着点的数量的增加，这种直线感觉更加强，当点有大小时，使人的注意力从大移向小，起着过渡和联系的作用（图5-3）。

家具造型设计中，借助于“点”的各种表现特征，并加以适当的运用，同样能取得很好的表现效果。

如图 5-4 所示家具中的金属拉手既有很强的实用性，又有很强的装饰性，而且金属拉手通过与整件家具的对比形成了点的特征。通过点与点等距排列，打破了家具的单调感，使立面造型丰富，在整件家具的整体形态上起着画龙点睛的作用。而点与点之间暗示线，在线性上与整件家具的直线形体相呼应，同时点与点之间还有着互相吸引、保持平衡的作用。

如图 5-5 所示，由于沙发表面采用大面积的织物，通过表面织物自身的色彩图案对形体进行实用性的装饰，充分发挥表面织物中“点”（图案）的灵活性，也可看成是变距的排列，使家具形态显得轻快活泼。

如图 5-6 所示明式圈椅，在靠背板的适当部位以小面积的精致镂雕进行装饰，构图灵活、形象生动、刀法圆润、层次分明，并与大面积的素底形成强烈对比，起到画龙点睛的作用，使家具的整体显得简洁明快。而这些小面积的镂雕我们可以看做整件家具形态中“点”的处理。

家具造型中点的应用非常广泛，它不仅是功能结构的需要（各种五金件），也是装饰的一部分。通过点的排列组合或局部点缀，使家具在造型上美轮美奂、富有整体性和韵律感。

二、“线”在家具造型形态中的运用

线是点移动的轨迹，是具有长度的一维空间，当把线断开分离后，仍能保持线的感觉时，可称为线的点化（图 5-7），把点排成一列时，则出现线的感觉，可称为点的线化（图 5-8），因此可认为线是点移动的轨迹（图 5-9）。

在造型设计中，线是造型艺术的灵魂，是构成一切物体轮廓的基本要素。各类物体所包含的面及立体，都可用线来表现出来，它比点的表现力更强。造型形态设计中的线在平面中必须有宽度，在空间中必须有粗细，以长度和方向为主要特征，线的曲直运动和空间构成能表现出所有的家具的造型形态。

线的表情特征主要随线形的长度、粗细、位置的变化而有所不同，从而使人们产生不同的视觉心理感受。线有动静之分、虚实之别，一般直线表示静，曲线表示动，在造型中，线是最能表达物体情感特征的元素，见表 5-1。

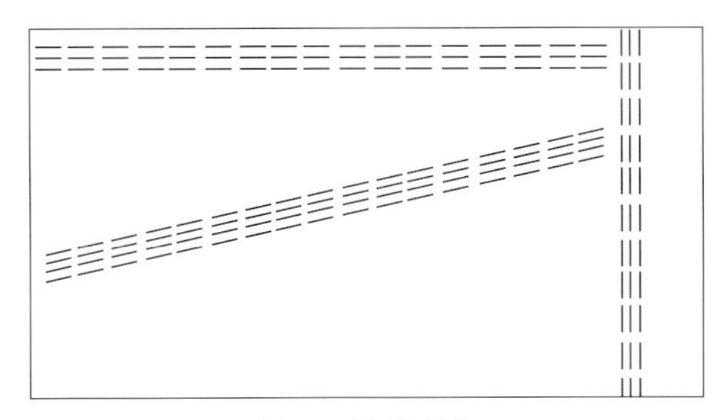

图 5-7 线的点化

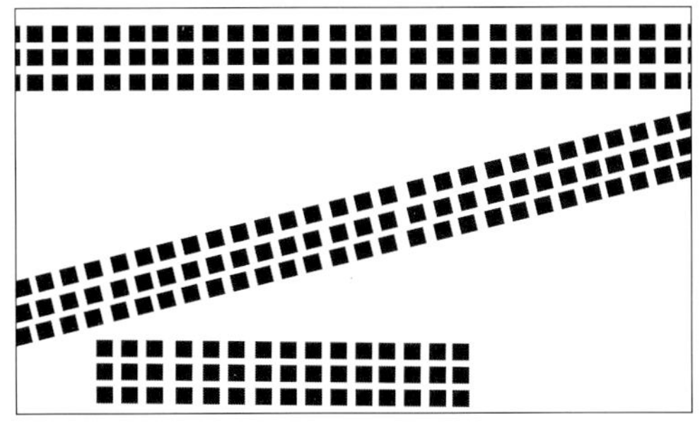

图 5-8 点的线化

表 5-1 线的表情

类型		表情特征
直线	水平线	扩展、开阔、平静、安定、快速
	垂直线	上升、严肃、端正、肃穆
	斜线	飞跃、下滑
	粗线	强劲、有利、厚重、粗笨
	细线	秀气、敏锐、柔软、锐利
曲线	弧线	弧线由椭圆和圆形两类：圆弧线有充实、饱满之感，椭圆形除有弧形线的特点外，还有柔软的感觉
	双曲线	对称的平衡美和流动感
	抛物线	近于流线型，有较强的速度感
	自由曲线	自由、轻快、随意、软弱、极富表现力 “C”形曲线简洁、柔和、华丽；“S”形曲线优雅、抒情、高贵、丰富；涡形曲线华丽、协调。

家具造型设计中的线形可分为六种：

1. 直线构成家具

给人以刚强、稳重、简洁之感，配以金属、玻璃等材料使家具的形体更加富于现代时尚气息，使其富于“力”的表现。如图 5-10 所示柜子的设计中整体以直线为主，以便于大量的存储物品。在柜体立面采用了大量的水平线与垂直线来划分空间，柜体立面上采用水平线给人舒展、安定的效果，而与其对比的垂直线则给人以庄重、挺拔质感；同时立面上的柜体采取了形体渐变的形式，使整个形体在整体线性统一的基础上，带有节奏感的变化，既有实用性，又使柜体的外表面富于变化。下部直线形金属支脚与上部的直线形柜体既有材质的对比，又有形体的统一。

图 5-9 线的形成

图 5-10 柜子

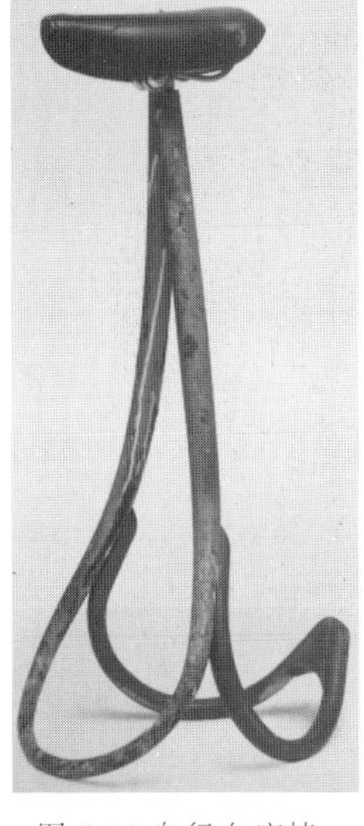
图 5-11 自行车座椅

图 5-12 休闲椅

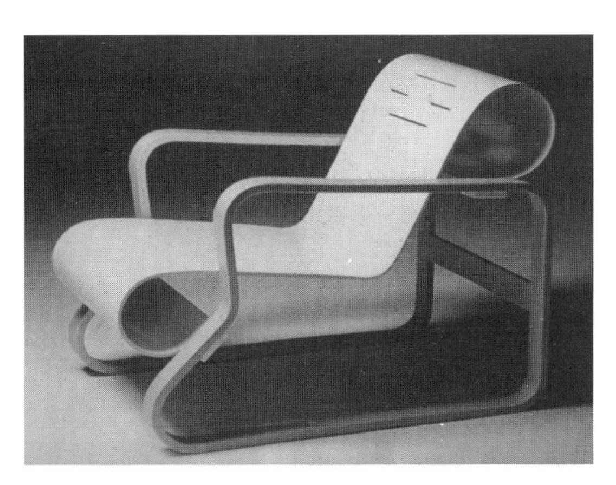
图 5-13 扶手椅

图 5-14 组合式衣架

2. 曲线构成家具

因其线条的柔和、流畅、多变等动感表现，在家具设计中常体现出“动”的美，从古至今被大量应用，塑造出具有优雅、轻盈、极具女性婉约之美的家具造型（图 5–11）。

3. 斜线型构成家具

具有散射、突破、活动、变化及不安定感，在家具设计中应合理使用，可取得静中有动、变化而统一的效果。如图 5–12 所示休闲椅的设计以大量的斜线塑造形体，是对传统造型形式的一种突破。充分利用斜线的动态感、活泼感来表达设计的情感因素；同时把椅腿设计成放射性多足结构则是为了体现出视觉与形式上的稳定性。

4. 直线与曲线结合构成的家具

将直线与曲线结合，使其既具有直线的稳健、挺拔的感觉；又具有曲线的流畅、活泼的特点，刚柔并济、动静结合、神形兼备。如图 5–13 扶手椅的椅背和坐面利用曲线设计成弯曲的卷形，是由一张弯曲成型的桦木胶合板制成的。椅座和椅背的夹角呈 110°。胶合板两端弯曲后固定在横杆上，当人们坐下时会产生弹性。最引人注意的就是其座面和靠背的圆弧形转折，它不仅使整件家具外形流畅，而且满足了结构和使用功能的要求；靠背上部的四条开口也很有趣，它即起到了装饰效果，也可以在使用中成为通气口，因为此处是人体与家具最直接的接触部位。

5. 直线与斜线结合构成的家具

将直线与斜线结合，使其既具有直线的稳健、挺拔的感觉；又具有斜线的多变、跳跃、相辅相成（图 5–14）。

6. 曲线与斜线相结合

利用两种带有变化韵律的线形组织家具形式，突出外形的动态感和多变性，同时带有一定的趣味性。由于曲线和斜线都具有不定性和变化性，所以在组织形体时，应该注意二者的主次关系和结合形式，以免出现破坏整体造型的凌乱之感（图 5-15）。

线是组成家具的重要元素之一，是不可忽视的。无论是以稳固、坚定的直线形塑造家具形体，还是以其婉转、柔和的曲线装饰家具，线都起到决定性作用，通过线体现家具的风格特色。

图 5-15 活动式储物架

三、“面”在家具造型形态中的运用

面是由点的扩大、线的移动形成的，具有两度空间（长度和宽度）的特点。通过切断可以得到新的面，由于切的方法不同，可以得到各种形状的面（图 5-16）。

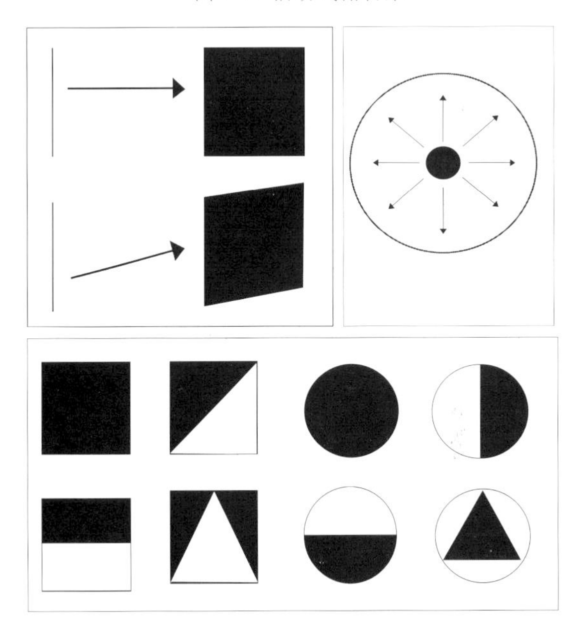

图 5-16 面的构成

面可以分为平面和曲面。平面有垂直面、水平面和斜面；曲面有几何曲面和自由曲面。不同形状的面具有不同的表现特征，给人的感觉也不同。

正方形、正三角形、圆形等，由于它们的周边“比率”不变，具有确定性、规整性、构造单纯的特点，一般表现为稳定、安静、严肃和端庄的感觉。

矩形、多边形是一种不确定的平面形，富于变化，具有丰富、活跃、轻快的感觉，而且边越多越接近曲面。

弯曲的曲面一般给人以温和、柔软和动态感，它和平面同时运用会产生对比效果，是构成丰富的家具造型的重要手段。

面是家具造型设计中重要的构成因素，所有的人造板材都是面的形态，有了面家具才具有实用的功能并构成体。在家具造型设计中，我们可以恰当运用各种不同形状的面、不同方向的面的组合，以构成不同风格、不同样式的丰富多彩的家具造型（图 5-17 ~ 图 5-19）。

图 5-17 座椅

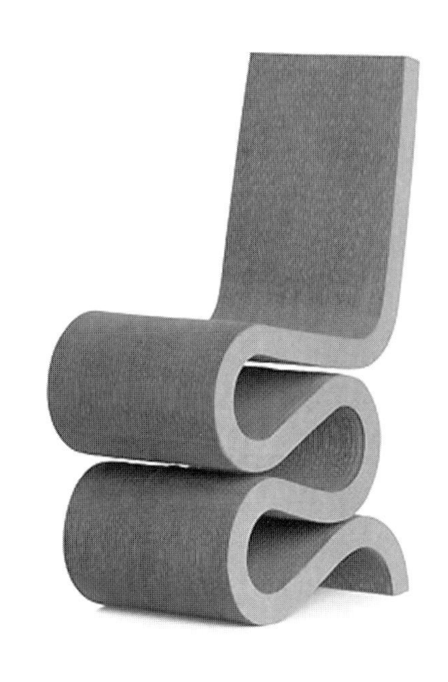

图 5-18 Wiggle 边椅

图 5-19 书架

利用各种形状的面作为家具造型或家具的局部装饰，在面的设计中纳入点和线的设计元素，会使家具富有变化，并且能够形成不同风格和时代气息的家具式样，所以在设计构思时一定要牢牢掌握这些设计语言使之成为最有利的表达工具。

四、“体”在家具造型形态中的运用

体是由点、线、面包围起来所构成的三度空间（具有高度、深度及宽度或长度）称为体。所有体都是由面的移动和旋转或包围而占有一定的空间所形成的（图 5-20）。

体有几何体和非几何体两大类。几何体包括正方体、长方体、圆锥体、圆柱体、三棱锥、多棱锥、球体等；而非几何体则泛指一切不规则的形体。几何体，特别是长方体在家具造型中广泛应用（图 5-21），而非几何体中仿生的有机体也是家具造型经常采用的形体（图 5-22）。

（一）体可以分为实体和虚体两种形式

1. 由块立体构成或由面包围而成的体叫实体，在家具设计上表现为封闭式家具，实体给人以重量、稳固、封闭、围合性强的感受（图 5-23）。

2. 由线构成或由面、线结合构成，以及具有开放空间的面构成的体称为虚体，在家具设计上表现为开放式家具，也就是家具造型的轮廓线中除了有实体之外，尚有一定的空间（图 5-24）。

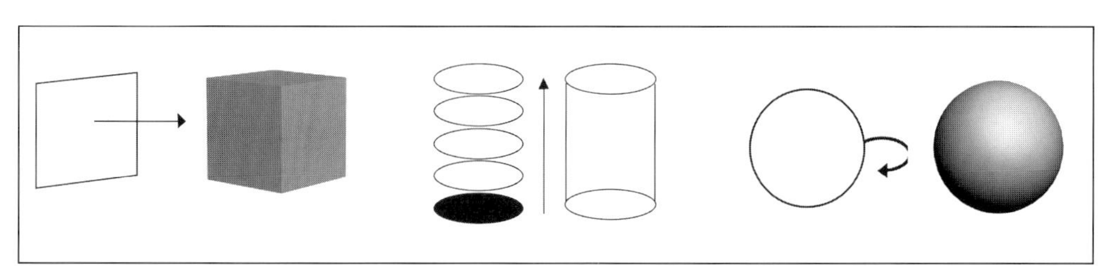

图 5-20 体的形成

图 5-21 利用几何形体设计的椅子

图 5-22 非几何形体在仿生设计中的运用

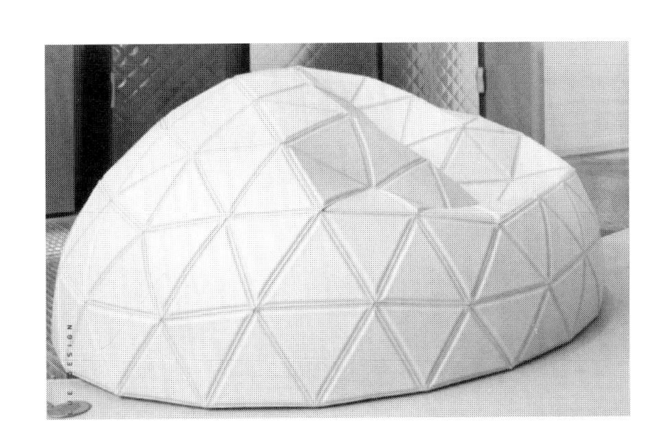

图 5-23 由面包围而成的实体家具

图 5-24 由面、线结合构成虚体家具

（二）虚体的三种形式

虚体根据其空间的开放形式又可分为通透型、开敞型与隔透型。

1. 通透型

即用线或面围合的空间，至少有一个空间不加封闭，保持前后或左右贯通（图 5-25）。

2. 开敞型

即盒子式的虚体，保持一个方向无遮拦，向外开敞（图 5-26）。

3. 隔透型

即用玻璃等透明材料做面，在一向或多向形成具有视觉上的开敞型，也是虚体的一种表现形式（图 5-27）。

体的虚实之分是产生视觉上体量感的决定因素，也是丰富家具造型的重要手段之一。没有实的部分，整个家具就会显得软弱无力，而没有虚的部分，则会使人感到呆板，所以在设计中要充分注意体块的虚、实处理给家具造型

图 5-28 展示架

带来的丰富变化，如虚实、凹凸、光影、开合等处理手法的综合运用，将两者巧妙地结合在一起并借助于各自的特点相互依托，才能使家具的形体具有既轻巧又稳重的良好视觉效果。如图 5-28 所示的展示架的设计中利用形体与形体之间的大小、疏密、凹凸、虚实等手法对形体进行串联。不同大小及不同方向的组合为整件家具增加了动态感与趣味性；虚实则是为了体现家具的体量关系，通过实体对虚体进行有效的补充，增加家具的稳定感；而凹凸的运用则是了层次感的体现，同时表面绿色的选择又为这件家具增添了几分自然的气息。设计师在创作过程中综合了多种设计手法对形体进行有机的组合，使这件家具个性鲜明、样式突出。

体是塑造家具造型最基本的设计手法，在设计中掌握和运用立体形态的基本要素，通过体量的有机结合，同时借助于不同的材质肌理、色彩，可以创作出千变万化的家具造型。

第二节 家具的质感

在家具的处理上，质感的处理和运用也是很重要的手段之一。所谓质感是指家具表面质地的感觉，也就是材质的表面组织结构，是材质固有的或精加工而形成的（图 5-29）。如木质给人以温暖、轻软、弹性、透气和韧性之感，显示出一种雅静的表现力；金属给人以坚硬、光泽、冷静、凝重、不透气的感觉，更多地表现出一种工业化的现代感；塑料显现出的是柔软、细密、弹性和不透气的质感；竹子则呈现出坚硬、凉快和轻滑的质感；藤表现出的是柔韧、轻软和透气的质感；织物表现出的是柔软、温暖和透气的质感；石材表现出厚重、沉稳、奢华的质感；玻璃表现出通透、轻巧、易碎的质感。而且同一造型的家具，表面采用不同的质感，所获得的外观也截然不同，各有意趣。

质感可分为两种基本类：一种是触觉，就是在触摸时可以感觉出来的触觉效果；另一种是视觉，就是通过视觉感受到的各种特征，见表 5-2。

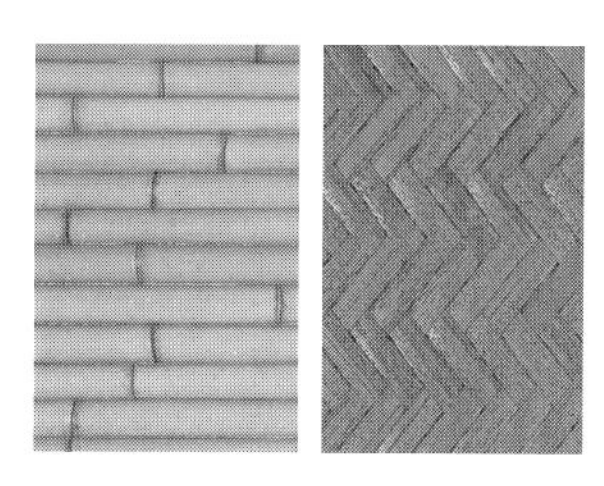

竹材

金属与织物

玻璃与石材

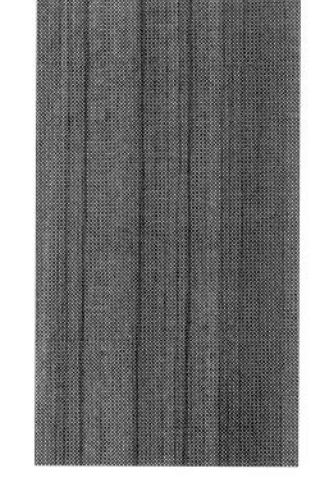

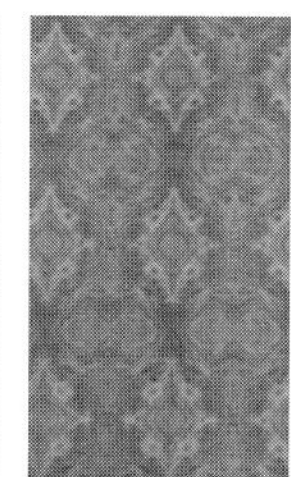

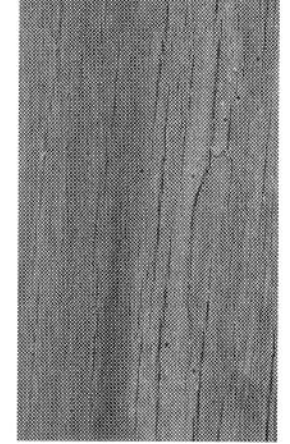

木质

图 5-29 不同材质的质感

家具的表面效果是极其重要的，为了在造型设计中获得良好的质感效果，可以从两个方面进行把握：一是注重显示材料本身所具有的天然质感，尽可能地体现出材料的自然美。如图 5-30 所示明末清初罗汉床。中国传统家具在设计制作中往往充分利用木质材料纹理天然之美，充分显示木材纹理和天然色泽，不加油漆涂。表面处理用蜡或透明大漆。使木质的天然纹理更加透彻鲜润，呈现出家具朴素简雅的风采。此床多用整板，无雕饰，以突出鸡翅木优美的纹理。如图 5-32 所示为了区别于那些默默无闻的产品，该设计将许多长短不同的小木料进行构成搭建，看似随意选取的材料，在严格的限制条件下被设计师精心组装出来。利用不同质感的材料进行搭配使用，也就是说既可以通过不同质感的材料增加造型变化，也可以在同一种材料上运用不同的加工处理，得到不同的艺术效果。如图 5- 33 所示的整个长椅以原木为椅面，黄铜为靠背。利用两种不同的材质对家具形体进行塑造，通过木质与金属的搭配，在材质上形成“软与硬”的对比；在质感上，通过自然的、未经人工处理的原木与人工打造的靠背形成“自然与人工”、“粗糙与细腻”的对比。整件家具充分发挥了材料原有的特征和人为加工的特点，选用不同的材质和处理方法，增加造型的变化，进而丰富视觉感受。

表 5-2 质感的类型

		质感的类型
质感	触觉	软与硬
		热与冷
		粗与细
		凹与凸
	视觉	有光与无光
		细腻与粗糙
		有纹理与无纹理

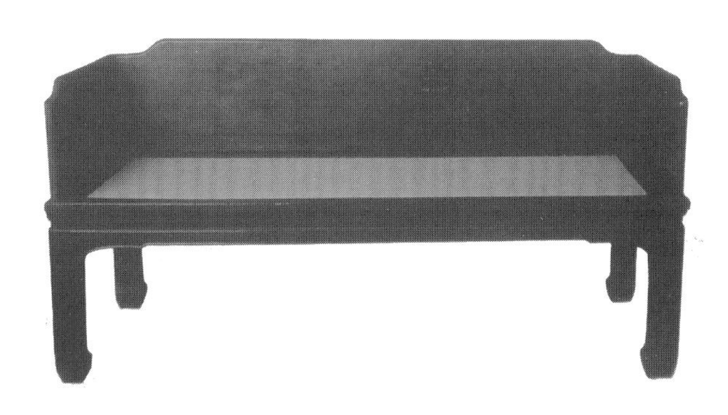

图 5-30 鸡翅木罗汉床

图 5-31 鸡翅木局部

小贴士：鸡翅木又作“杞梓木”，因其木质纹理酷似鸡的翅膀，故名。鸡翅木有新、老的说法，新者木质粗糙，紫黑相间，纹理浑浊不清，僵直呆板，木丝容易翘裂起茬儿；老者纹理细腻，有紫褐色深浅相间的蟹爪纹，细看酷似鸡的翅膀，尤其是纵切面，木纹纤细浮动，变化无穷，自然形成各种山水、人物或风景图案。

图 5-32 小木料制成的椅子

图 5-33 树干长椅

在家具设计中，应该充分利用材质本身的质感，尤其要充分利用不同材质间的搭配组合，通过彼此间的组合应用和对比创作手法获得生动的家具艺术造型效果。

第三节 家具的色彩

色彩是家具造型的基本构成要素之一，在视觉上给人以心理与生理的感受与联想。由于色彩比形状具有更直观、更强烈、更吸引人的魅力，因此色彩处理的好坏，常会对家具造型产生很大的影响，所以学习和掌握色彩的基本规律，并在设计中加以恰当的运用，是十分必要的。

一、色彩的三要素

色彩学上将色相（色调）、明度（亮度）、纯度（彩度）称为色彩的三要素，或称为色彩的三种基本属性。

（一）色相

是指各种色彩的相貌和名称。如红、橙、黄、绿、蓝、紫、黑、白及各种间色、复色等都是不同的色相。所谓色相，主要是用来区分各种不同的色彩。

（二）明度

也称亮度，即色彩的明暗程度。明度有两种含义，一是指色彩加黑或白之后产生的深浅变化，如红加黑则愈加愈暗、愈浓；加白或黄则愈来愈明亮；二是指色彩本身的明度，如白与黄明度高（色明快），紫明度则低（色暗淡），橙与红、绿与蓝介于两者之间。

（三）纯度

也称彩度，是指色的鲜明程度，即色彩中色素的饱和程度的差别。原色和间色是标准纯色，色彩鲜明饱满，所以在纯度亦称“正色”或“饱和色”。如加入白色，纯度减弱（成“未饱和色”）而明度增强了（成为“明调”）；如加入黑色，纯度同样减弱，但明度也随之减弱，则为“暗调”。

二、色彩的效应

色彩的效应可分为物理效应和心理效应。所谓物理效应就是反应冷暖、远近、轻重、大小等，这不但是由于物体本身对光的吸收和反射不同的结果，而且还存在着物体间的相互作用的关系所形成的错觉；而心理效应则是人们通过观察不同的色彩所产生的不同心理变化。

（一）色彩的物理效应

1. 温度感

在色彩学中，把不同色相的色彩分为暖色、冷色和温色，从红紫、红、橙、黄到黄绿色称为暖色，以橙色最暖。从青紫、青至青绿色称冷色，以青色为最冷。紫色是红与青色混合而成，绿色是黄与青混合而成，因此是温色。这和人类长期的感觉经验是一致的，如红色、黄色，使人联想到太阳、火等，感觉暖；而冷色如蓝色，使人联想到海洋，感觉凉爽。但是色彩的冷暖既有绝对性，也有相对性，愈靠近橙色，色感愈暖，愈靠近青色，色感愈冷。如红比红橙较冷，红比紫较暖，但不能说红是冷色。

2. 距离感

色彩可以使人感觉进退、凹凸、远近的不同，一般暖色系和明度高的色彩具有前进、凸出、接近的效果，而冷色系和明度较低的色彩则具有后退、凹进、远离的效果。室内设计中常利用色彩的这些特点去改变空间的大小和高低。

3. 重量感

色彩的重量感主要取决于明度和纯度，明度和纯度高的显得轻，如桃红、浅黄色；明度低的显得重，如黑色、熟褐等。在家具设计中常以此达到平衡和稳定的需要，以及表现性格的需要，如轻飘、庄重等。

4. 尺度感

色彩对物体大小的作用，包括色相和明度两个因素。暖色和明度高的色彩具有扩散作用，因此物体显得大；而冷色和暗色则具有内聚作用，因此物体显得小。不同的明度和冷暖有时也通过对比作用显示出来，室内不同家具、物体的大小和整个室内空间的色彩处理有密切的关系，可以利用色彩来改变物体的尺度、体积和空间感，使室内各部分之间关系更为协调。

（二）色彩的心理效应（表 5-3）

色彩有着丰富的含义和象征，不同的色彩会对人们的心理产生不同的心理效应。如处在红色、橙色和黄色环境中，人的心理会产生温暖的感觉。见到蓝色，人产生的心理效应则是安静、凉爽、甚至寒冷。这是因为红色、橙色和黄色都属于暖色，而蓝色属于冷色。如图 5-34 所示的里特维尔特设计的红蓝椅。采用红、黄、蓝三原色作为表面装饰，以垂直和水平线条作为基本的造型要素，垂直线与太阳的照射有关，水平线代表地球绕太阳的运动。其中三原色也均有象征意义，黄色象征阳光；蓝色象征天空；红色是阳光与天空的交汇与融合。这些有限的图案意义与抽象相互结合，象征构成自然的力量和自然本身。

表 5-3 色彩的心理效应

色相	联想事物	心理效应
黑	远山	坚实、含蓄、庄严、肃穆、
白	雪	明快、洁净、纯真、平和、神圣、光明
灰	土地	朴实、平凡、空虚、沉默、忧郁
红	血、火光	热烈、华美、华贵、愉快、喜庆、愤怒
橙	太阳	明朗、甜美、柔和、扩张、热烈、华丽
黄	帝王服饰、宫殿	温暖、光明、强烈、扩张、轻巧、干燥
绿	森林、草地	新生、青春、茂盛、安详、宁静、健康
蓝	大海、天空	凉爽、湿润、收缩、沉静、冷淡、锐利
紫	将相服饰	优雅、高贵、神秘、不安、柔和、软弱

图 5-34 红蓝椅

三、色彩在家具上的应用

（一）色调

家具的着色，很重要的是要有主调（基本色调），也就是应该有色彩的整体感。一般来说，家具的主色调为一色或两色。色调越少，主体特征越强，装饰效果越突出，家具外观形式关系越容易得到统一（图 5-35）。所以在处理家具色彩的问题上，多采取对比与调和两者并用的方法，但要有主有次，以获得统一中有变化，变化中求统一的整体效果。（图 5-36，图 5-37）

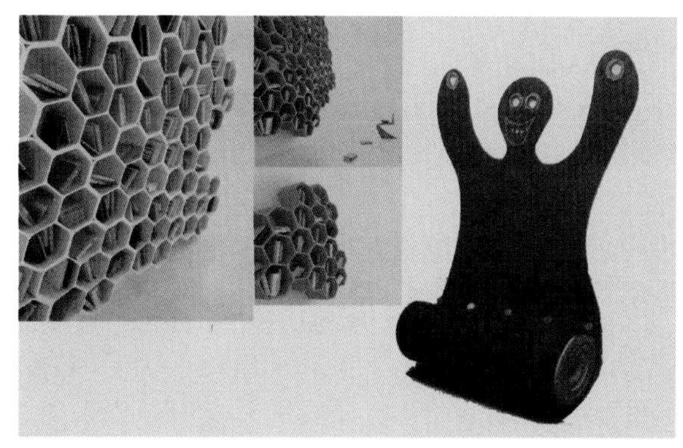

图 5-35 一色为主的家具

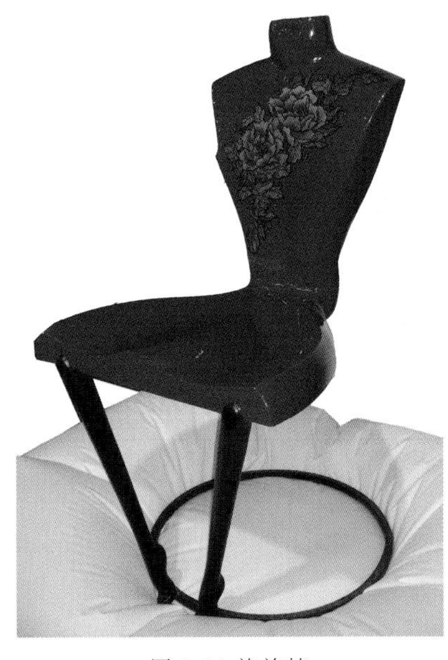
图 5-36 旗袍椅

图 5-37 展示架

图 5-38 居住空间中的家具应用

在色调的具体运用上，主要是掌握好色彩的调配和色彩的配合。

1. 首先要考虑色相的选择，色相的不同，所获得的色彩效果也就不同。这必须从家具的整体出发，结合功能、造型、环境进行适当选择。如图 5-38 所示套装家具较多时，可采用偏暖的浅色或中性色，以获明快、协调、雅静的效果。同时局部可采用一些小面积色彩，它像砝码一样活跃在各类不同的空间环境中，起到对比、跳动、装饰美化作用。如靠垫、摆设品或者局部的家具等采用突出的强烈色彩，充分发挥其点缀性，为整个空间带来视觉上的色彩变化。

2. 在家具造型上进行色彩的调配，要注意掌握好明度的层次。若明度太接近，主次易含混、平淡。一般说来色彩的明度，以稍有间隔为好，但相隔太大则色彩容易失调(图5-39,图-40)。在色彩的配合上，明度的大小还显示出不同的“重量感”，明度高的色彩显得轻快，明度低的色彩显得沉重，在家具设计中常以此达到平衡和稳定的需要。

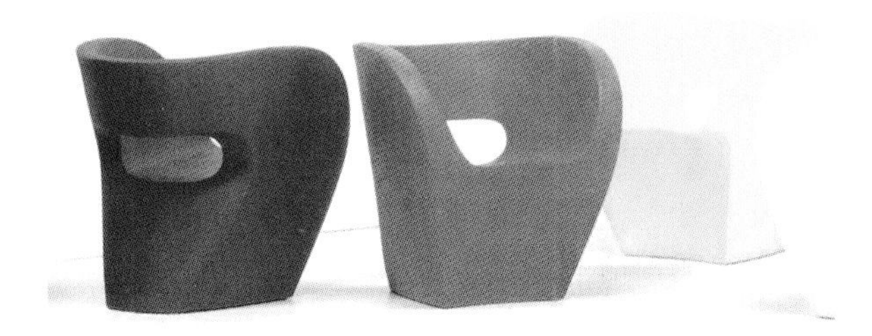
图 5-39 色彩明度接近的组合

图 5-40 色彩明度对比的组合

（二）色彩配置原则

1. 一般用色时，必须注意面积的大小，面积小时，色彩的纯度可较高，使其醒目突出。如图 5-41，图 5-42 所示在设计上运用了大量带有动态韵律的线条以及图案画的虚实对比塑造形体，具有很强的现代感。因为此类家具在室内空间中多以单体的形式出现，置于局部空间中。为了保证形象清晰、有力、突出家具造型的艺术效果，多采用高纯度的色彩对其进行装饰。面积大时，色的纯度则可适当降低，避免过于强烈，如柜类的设计，除少数设计要追求远效果以吸引人的视线外，多数选择明度高、纯度低、色相对比小的色彩进行处理，使人感觉明快、舒适、和谐、稳定（图 5-43）。

2. 除色彩面积大小之外，色彩的形状和纯度也应该有所不同，使它们之间既有大有小，有主有次同时还富于变化。否则，彼此相当，就会出现刺激而呆板的不良效果。如图 5-44 所示的这套家具造型轻巧，通体以黑褐色为主色调，为形体带来视觉上的稳定感，并与形体形成互补。局部黄色的处理以点、线、面的形式出现，又为整体色调带来了形体上的视觉变化，体现出色彩的主次关系，形成统一中有变化，变化中求统一的整体效果（图 5-44，图 5-45）。

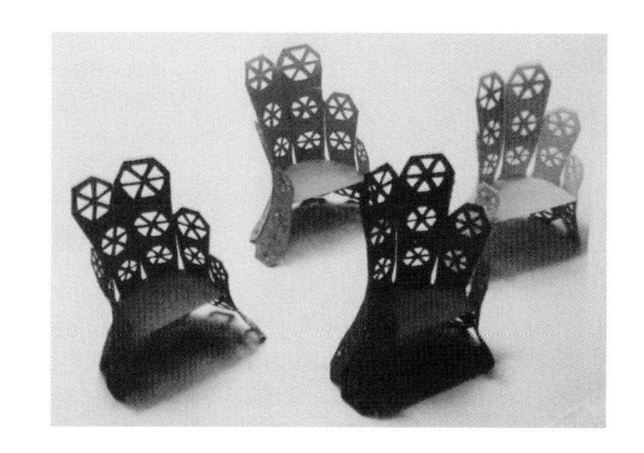

图 5-41 休闲椅

图 5-42 座椅

图 5-44 折叠桌椅

图 5-43 大面积的色彩配置

图 5-45 彩色沙发

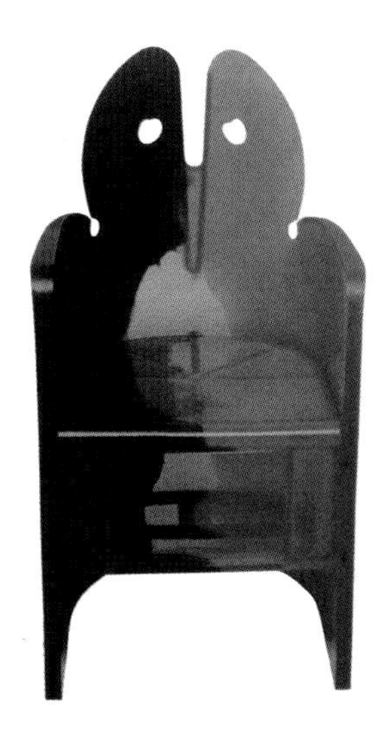
图 5-46 相邻对比色的运用

图 5-47 隔有中性色的运用

图 5-48 利用风格决定家具色彩

3. 色块的位置分布对色彩的艺术效果也有很大影响。当两对比色相比邻时，对比就强烈（图 5-46）；当两色中间隔有中性色时，则对比效果就有所减弱（图 5-47）。

四、家具色彩与室内色彩的关系

家具的色彩对整个室内空间氛围的营造起到重要的作用，在处理家具色彩与室内色彩的关系时，应遵循“统一与变化”的原则。家具的色彩应建立在室内整体空间色彩的基础之上，要和室内空间各界面尽量协调统一。但过分统一又会使空间显得呆板、单调。因此，在统一的基础上，家具的色彩还应通过少量的对比产生适当变化，充分做到统一中求变化，变化中求统一。如图 5-48 所示由于整体风格定义为现代中式，所以选用了沉稳的深色调家具，同时又与背景墙体的深色木质造型形成统一，而沙发局部的白色又与整体空间色调形成强烈的明暗对比，虽然增加了色彩的层次，但它们之间的关系过于强烈，为了使整体空间色调和谐，通过墙体带有色彩倾向的灰色壁纸对两种色彩进行了过渡，使空间色调达到了一种稳定的均衡感，而空间中一些小面积高纯度的点缀性色彩，丰富了空间的色彩变化。整个空间色调遵循着变化与统一的原则对色彩进行合理的搭配。如图 5-49 所示采取了利用空间特点突出家具色彩的方法。为了衬托出室内浅色的家具，使之感觉更为亲切，在地面颜色的选择上采用深色的地面将房间的尺寸缩小，使空间中家具的色彩突出。如图 5-50 所示由于室内采光条件较好，宜选择浅色调、中性色调的家具，使室内空间显得明亮淡雅；采光条件较差的室内宜采用纯度高的家具，以突出家具造型。

室内中任何家具色彩都不应孤立出现，需要同类色（或明度相似）与之呼应，不同对比色彩要相互交织布置，以形成相互穿插的生动布局，但须注意色彩间的相互位置应当均衡，勿使一种色彩过于集中而失去均衡感，应体现出室内的色彩层次以及之间的关系。如图 5-51 所示采用了同类色之间的呼应对整个室内空间

图 5-49 利用空间特点突出家具色彩

图 5-50 利用空间特点突出家具色彩

中的色彩进行组织，地面空间的蓝色与家具局部的蓝色形成呼应。如图 5-52 所示墙体的红褐色与座椅靠背的颜色形成色相上的呼应，同时在冷暖上进行了区分；黄色的餐椅又与局部的沙发靠枕取得联系，虽然整个空间色彩变化较多，但由于遵循着相互色彩呼应的搭配原则，使整个空间色彩体现出一种均衡感。

图 5-51 室内同类色之间的呼应

五、家具色彩应符合不同人群的需求

每一种色彩都具有它自身的性格，如高纯度、高明度的色彩常给人一种华丽感，反之则显得朴实。暖色系、高明度的色彩能给人一种面积大的前进感；冷色系、低明度的色彩则给人一种小面积的后退感。同样不同的人群对色彩的喜好也有所不同，如男性较喜欢冷色；女性则偏好暖色或高亮度、高纯度的色彩；儿童喜好纯色（图 5-53）；老年人偏好浊色；中年人偏好冷灰色等。因此，家具的色彩要因人而异。

图 5-52 室内同类色之间的呼应

图 5-53 儿童房的家具

色彩在家具的具体应用上，绝不能脱离实际，孤立的追求其色彩效果，而应从家具的使用功能、造型特点、材料、工艺结合使用环境、使用人群等条件全面的综合考虑，并给与适当的运用。

第四节 家具造型设计的美学形式法则

家具造型设计的美学形式法则就是通过家具造型的比例、尺度、变化、统一、均衡、稳定等美学形式与家具的功能和技术性能统一在家具造型设计中，对产品质量的全面提高起着重要的作用。

一、比例与尺度

(一) 比例

比例也叫比率，就是尺寸与尺寸之间的数比。家具具有长、宽、高三者之间的比例，以及家具表面分割的比例，还有构件、零部件之间的比例。即使同一功能的家具，由于比例不同，所得到的艺术效果也会有所不同。而比例形式之所以产生美感，是因为这些形式具有肯定性、简单性与和谐性。可见，良好的比例是求得形式完整、和谐的基本条件。而且优秀的柜类家具设计多采用具有经典比例关系的矩形作为单元。经调查统计，柜类家具造型设计经常会使用特殊矩形进行产品立面的主要形状分割。家具造型设计中常用的比例有以下几种。

1. 黄金比例

也就是人们常说的黄金分割，其长宽比例是1:1.1618时最为理想，极具简单性与和谐性，因此被认为是最美的比例，在任何造型设计中都得到广泛的应用。如图5-54所示同样的正方体以不同的比例分割及产生完全不同的感觉。以1:1相等比例分割，效果上富于理性而缺乏生动感；以1:4较为悬殊的比例分割，对比效果强烈；以1:1.1618的黄金比例分割，则感觉异常舒适。

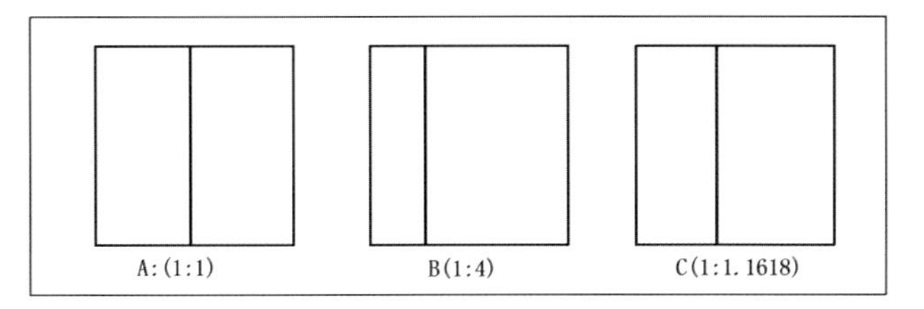

图5-54 黄金比例

2. 整数比例

整数比例是以正方形为基础派生出的一种比例。这种比例是由1:1、1:2、1:3等一系列的整数比构成矩形图形。由于正方形形状肯定，派生的系列矩形表现出强烈的节奏感，具有明快、整齐的形式美。如图5-55所示运用整数比例分割形体，计算便捷，适合模块化设计和批量生产的要求。

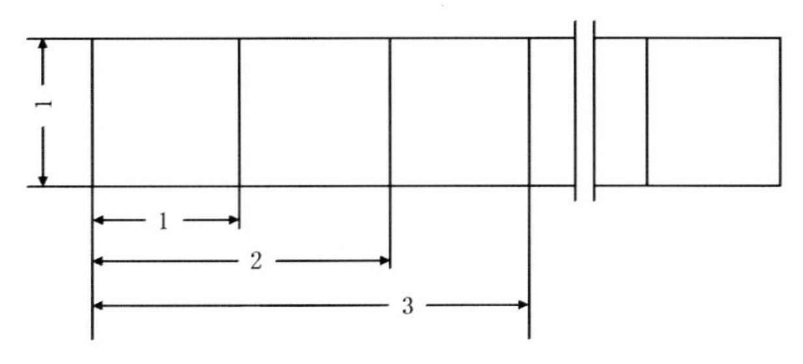

图5-55 整数比例

3. 均方根比例

均方根比例是在以正方形的一边与其对角线所形成的矩形基础上，逐次产生新矩形而形成的比例关系。其比率：$1:\sqrt{2}$、$1:\sqrt{3}$、$1:\sqrt{4}$等。如图5-56所示由均方根所形成的矩形系列，数值关系明确，形式肯定，过渡和谐，给人以比例协调、自然和韵律强的美感。

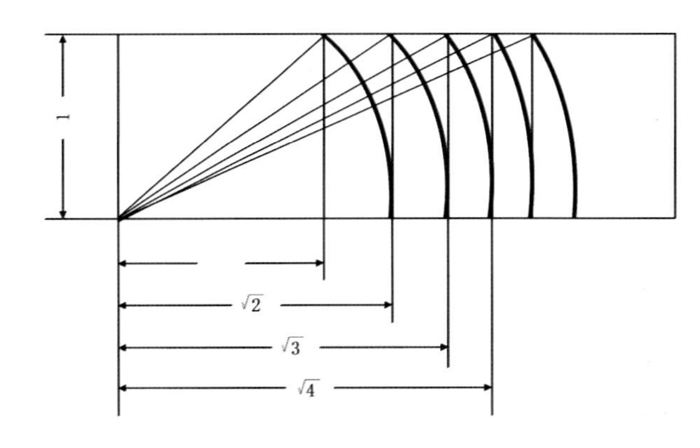

图5-56 均方根比例

4. 中间值比例

由一系列的数值 a、b、c、d 等构成的等式为 a:b = b:c = c:d 就形成了中间值比例系列。用此系列值作为边长所构成的一系列矩形，是以前一个矩形的一边为下一个矩形的邻边，且对角线相互平行推延而成的，它们因具有相似的和谐性而产生美感（图 5-57）。

比例在家具设计中应用广泛，特别是对那些外形按“矩形原则”构成的产品，采用比例分割的艺术处理方法使家具外形给人以协调、秩序、和谐的美感。

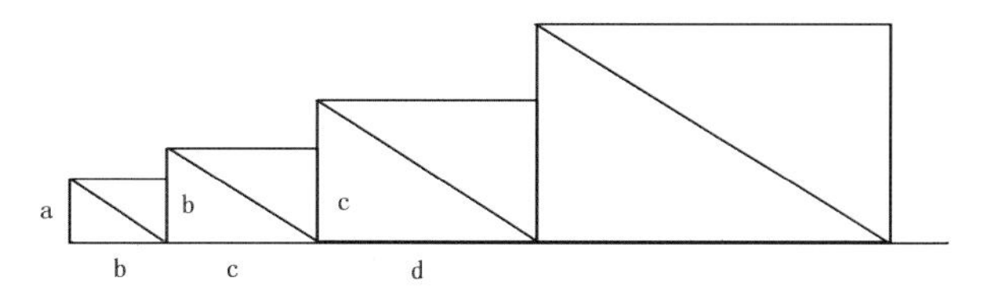

图 5-57 中间值比例

（二）尺度

尺度是一种能使物体呈现出恰当的或预期的某种尺寸的特性。家具设计中的尺度是指设计对象的整体或者局部与人的生理结构尺寸、或人的特定标准之间的适应关系。

1. 决定尺度的因素

(1) 取决于人的传统观念：人的传统观念对家具尺度的感觉有着很大的影响，这些传统观念是在人们的文化知识、艺术修养和生活经验的基础上形成的，对家具的部件形式变化和尺寸变化有着一定知觉定式，超出了这个知觉范围，人们就会感到家具过高或过低、过大或过小。

(2) 取决于空间使用环境：在家具造型处理上要充分考虑家具与空间环境的关系，使之趋于和谐，并以此产生合理的尺度。例如椅类家具有工作用、生产用、生活用等各种不同的用途，由于使用的空间环境不同，那么所产生的尺度也是不同的。（见第四章引导案例椅子的模式）。

2. 尺度的体现

（1）把某个单位形体引入到设计中，使之产生尺度：用这些附加的单位形体因素标定家具空间，给人以具体的尺度感。如图 5-58 所示中通过这三个图形可以看出，由于引入了不同的单位形体，如抽屉、箱柜等，就犹如有了一个可见的标尺，使家具的尺度能够简单、自然的判断出来，并通过人对这些小单元的感觉和衡量而产生了一种实际的尺寸感。

图 5-58 借助附加的单位形体因素获得的尺度感

(2) 重视家具与人体的尺寸关系：当人们看到一件家具时，最先想到的就是它是否与自己的身体有着恰当的尺寸关系，这种行为促使人体将自身变成衡量家具的真正尺度，如桌椅的高矮、橱柜搁板的高度等，是否符合人体的功能和生活习惯的要求。（见第四章家具的人体功能尺度）

因此，在家具造型设计中尺度感的获得，首先是合理组织家具及其局部的内在空间、外部体量的形式大小；其次是在物质功能和加工工艺的基础上，产生并形成适合于人体习惯和需要的尺度感。

二、对称与均衡

（一）对称

对称是家具造型设计中最为广泛的设计手法之一。以中轴线为中心对形体进行塑造，具有很强的视觉平衡感，但有时完全对称的形态会给人以单调、呆板的感觉。所以，在家具造型设计中，有时对于完全对称的形体造型往往通过色彩、材质、虚实等手段打破这种单调、呆板的静态平衡形式，以获得在统一中求变化的视觉效果。在家具造型设计中，常用对称形式主要有以下几种：

图 5-59 镜面对称式装饰柜

1. 镜面对称

镜面对称是最简单的对称形式，在一条假定的垂直或水平的中轴线上做上下或左右的同形、同色、同量的对称处理，就像物体在镜子中的形象一样，这种对称也成为绝对对称。如图 5-59 所示装饰柜以中轴线为参照，形成左右相同的镜面对称的形式，但随之带来的是这种完全对称的形式容易产生呆板、生硬的感觉，尤其是以直线为主要表现形式时，这种感觉更为明显。此书柜为削弱这种感觉，在镜面对称的基础上局部利用斜线以及虚实的变化塑造形体，同时通过丰富的色彩增强视觉感受，形成镜面对称的效果。

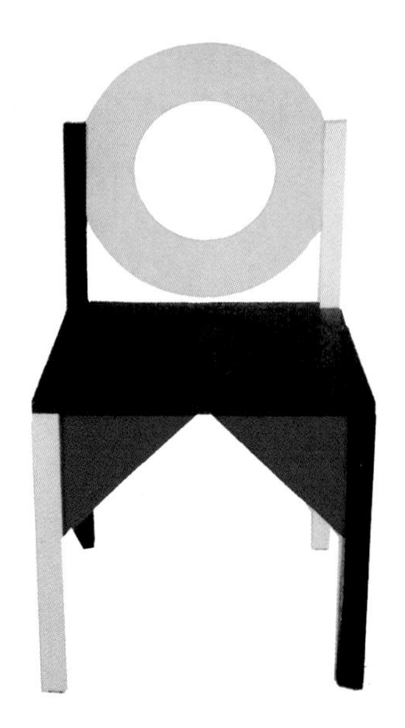

图 5-60 相对对称式座椅

2. 相对对称

中轴线两侧或上下物体外形、尺寸相同，但色彩、材质肌理或内部分割方式等有所不同。如图 5-60 所示座椅在形体塑造上以假定的中轴线为中心，利用不同的几何形体在两侧做完全相同的对称式设计，体现出形体的稳定感。然而在表面颜色的处理上，通过椅腿前后左右的颜色互换形成整体上的相对对称，利用色彩的变化对形体进行塑造，丰富了视觉效果，增加了椅子的形体表现力（图 5-60，图 5-61）。

相对于镜面对称，相对对称形式更加灵活自由，形体的表现力更强，视觉更加丰富，它可以打破镜面对称所带来的生硬、僵直的平衡形式，获得在统一中富于变化的视觉效果。

图 5-61 相对对称式沙发

3. 轴对称

围绕相应的对称轴用旋转图形的方法塑造形体。它可以是三条、四条、五条、六条等多条中轴线作多面均齐式对称，图形围绕对称轴旋转，并能自相重合（图 5-62）。

4. 旋转对称

以中轴交点为圆心，图形围绕圆心旋转而成的两面、三面、四面、五面等旋转图形。如图 5-63 所示中座椅采用旋转对称的方法组织形体，用这种方法设计出来的家具造型有着较强的规律性和逻辑性，给人以稳定、宁静和严格之感，但有时容易给人以呆板的视觉感受，这时可以通过局部的改变打破这种呆板的感觉，为形体带来突破点，形成视觉上的变化。如图 5-64 所示把废弃的水桶进行改造，设计成座椅，既节约材料又降低成本。

图 5-62 轴对称式组合家具

图 5-63 旋转对称式座椅

图 5-64 旋转对称式水桶座椅

（二）均衡

均衡是对称结构在形式上的发展。用对称的手法设计的家具普遍具有整齐、稳定、严谨的效果，但由于家具的功能多样化，在造型上无法全部用对称的手法来表现，所以，均衡也是家具造型的常用手法。

均衡是非对称的平衡，是指一个形式中的两个相对部分不同，但因量的感觉相似而形成的平衡现象，从形式上看，是造型中心轴的两侧形式在外形、尺寸上不相同，但它们在视觉和心理上感觉平衡，见表 5-4。

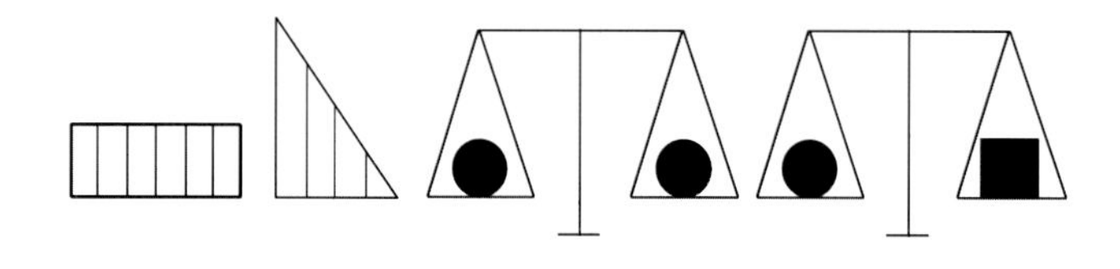

表 5-4 均衡效果体现表

图号	布置法		特点	效果
a	无均衡中心	似对称	中心不明确	动荡、紊乱、平淡、采用时需加明显的均衡中心
b		似均衡		
c	有均衡中心	对称	中轴居中，左右完全对齐	庄重、平稳、宁静
d		均衡对称	中轴居中，左右有所不同，担左右重量感对称	平稳而活跃
e		均衡	中轴偏置，左右完全不同，担左右重量感平衡	活跃

图 5-65 相互叠加的橱柜

常用的均衡形式有以下两种：

1. 等量均衡

采用对称中求平衡的方式，通过把握图形的均势，使其左右、上下分量相等，以求得平衡效果，这种均衡是对称的演变。如图 5-65 所示作品由多种器物组成，包括抽屉、桌子和椅子。设计师采用原始而独创的设计语言对各种物品的相互关系进行了重构，通过各部件之间的大小、虚实的对比塑造家具形体，使其左右上下分量相等，形成等量均衡的家具造型。

当然，也可以通过各单体家具或部件之间的色彩、疏密以及明暗的对比实现其左右、上下分量的相等。等量均衡组成的家具，具有变化、活泼、优美的特征（图 5-66）。

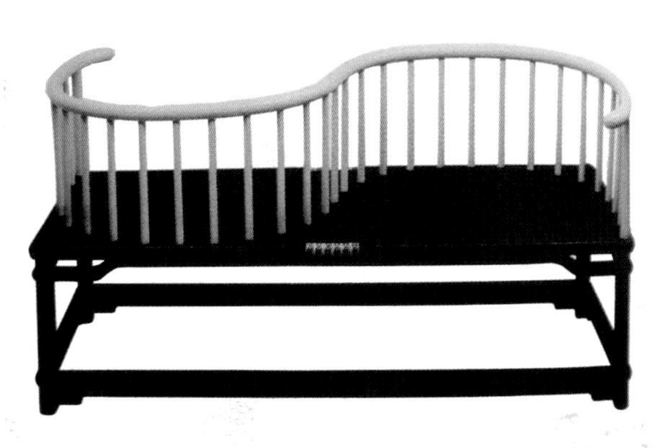

图 5-66 等量均衡式座椅

2. 异量均衡

形体无中心线划分，其形状、大小、位置可以各不相同。在构图中常将一些使用功能不同、大小不一、方向不同、有多有少的形、线、体和空间作不规则的配置，但无论怎么安排，在气势上必须取得统一。如图 5-67 所示沙发采用异量均衡的设计手法，沙发靠背造型尺度夸张，形式自由，而坐面的处理采用了对称的处理手法相对稳定，无论是在造型手法上还是色彩上都形成了强烈的视觉对比，同时在不失重心的原则下把握形体的均衡，给人以活泼、多变、强烈的感觉。

图 5-67 异量均衡的家具造型

三、对比与统一

对比与统一是适用于任何艺术表现的一个普遍法则。在艺术造型中从变化中求统一，统一中求变化，力求统一与对比得到完美的结合，使设计的作品表现得丰富多彩，是家具造型设计中贯穿一切的基本准则。

所谓“对比”，就是把同一因素中不同差异程度的部分组织在一起，产生对照和比较，突出产品某个局部形式的特殊性，使其在整体中表现出明显的差别，以显示和加强家具的外形感染力。

所谓“统一”，就是在一定的条件下，把各个变化的因素有机地统一在一个整体之中，形成主要的基调和风格。具体地说就是创造出共性的东西，如统一的材料、统一的线条、统一的装饰等等，以达到相互联系、彼此和谐的目的。

对比与统一在家具造型设计中主要有以下几种表现形式：

（一）形态的对比与统一

在家具造型设计中，离不开线、面、体和空间，而且常具有各种不同的形状。直线、平面、长方体是家具造型重最常采用的基本形状。弧线、曲线、斜线等在家具造型上也常常采用。但在家具造型中主要以长方体、平面和直线为主，以弧线、曲线和斜线为辅。在以长方体、平面、直线构成的体型上，运用弧线、曲线、斜线打破方形，能取得较为活泼和丰富多彩的效果。起到了活跃、丰富、变化的作用。如图5-68所示的装饰柜，在整体设计中运用了形态的对比手法塑造形体。上部与下部的梯形设计组合体现家具的纤细、挺拔之感；中间的矩形设计又为家具增添了稳定感。通过不同形态、色彩的组合，使整件家具稳定中带有动态变化。

（二）大、小的对比与统一

在家具造型设计中常常运用面积大小的对比与统一的手段达到装饰的效果，用几个较小的体量衬托大体量，以突出重点，避免平淡乏味。如图5-69所示中设计师利用不同大小的椅子对形体进行塑造，创造出具有雕塑感的书架。通过形体大小、方向的组合；使这件家具体现出新的功能（图5-69，图5-70）。

图5-68 利用形态的对比与统一设计的装饰柜

图5-69 书架椅

图5-70 刺椅

图 5-71 抽屉柜

图 5-72 利用自行车轱辘设计的座椅

图 5-73 购物车改造的椅子

（三）方向的对比与统一

在成套家具或单件家具的前立面的划分上，常常运用垂直和水平方向的对比来丰富家具的造型，使家具形体即富于变化，又不觉得凌乱。如图5-71所示抽屉柜采用等腰三角形的形式，在稳定的基础上给人以视觉的延伸性，稳定中带有动感。内部的矩形的单体抽屉造型给人以水平的感觉，与家具外框形成方向上的对比；但抽屉的组合形式又是以外框的等腰三角形为基准，形成上小下大的垂直型组合，与整体外框形成形式上的统一，同时也增加了层次感。整件家具造型既有整体的统一性，又有局部的对比变化（图5-72）。

（四）虚实的对比与统一

家具形象中由块立体构成或由面包围而成的体叫实体；由线构成或由面、线结合构成，以及具有开放空间的面构成的体称为虚体，运用虚实对比的方法，能丰富形体，打破太实、太沉重的感觉。如图 5-74 所示多宝格上面是由线围合而成的大小形状各不相同的虚体，下面是由面包围而成的大小形状完全一致的实体的抽屉与门。上面采用了对比的手法，下面采用了一致的手法，使得整体既富于变化，又具有统一的特点。上虚下实，虽上面的体量大，下面的体量小，但仍不觉得头重脚轻（图5-73）。

图 5-74 清代紫檀雕花多宝格

（五）色彩的对比与统一

在家具造型设计可以通过色彩的变化达到装饰的效果，既可在大面积的统一色调中配以少量的对比色，以达到和谐而不平淡的效果；也可在对比色调中穿插一些中性色，或借助于材料质感，以获得彼此和谐的统一效果。如图5-75所示座椅的外框与内部采用了强烈的黑白对比，为了获得彼此间的和谐统一，座椅内部在白色的基础上采用了黑色的条纹进行装饰，无论从线性上还是从色彩上都与外部的曲线形黑色框架形成了呼应，同时内部的黑色条纹在整体的气氛中得到了加强（图5-76）。

图5-75 座椅

（六）质地的对比与统一

家具制作的材料，一般以木材为主，其它材料有金属、玻璃、塑料、纺织品等，不同的材料、质地常常给人以不同的感觉。在家具造型设计中便可以利用不同材料的质感所产生的对比，丰富家具的艺术造型，取得美观的效果。如图5-77所示 以传统家具中的"墩"为造型元素，座面选用现代城市更新改造中最予依赖的水泥，局部配以传统的青花瓷片，材质的视觉对比感强烈。如图5-78所示座椅在观念上体现了新与旧、过去与现在的融合。

图5-76 沙发

图5-77 墩

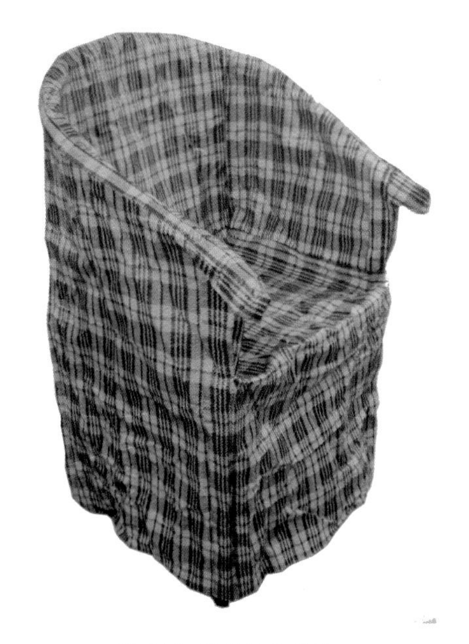

图5-78 现代明式座椅

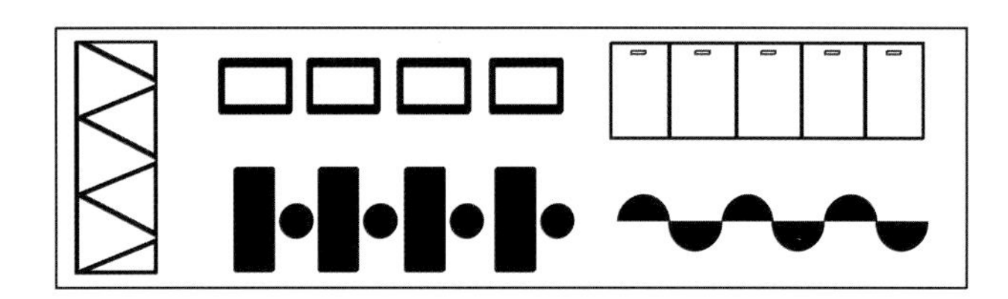

图 5-79 具有节奏感的几种形式

图 5-80 衣架

图 5-81 薄形半软体座椅

以上从几个方面分别说明了"对比与统一"在家具造型设计中的作用。当然不能只限于这几个方面。一件家具的造型设计有时不能只运用一种方法，而是几种手法同时运用。但过多的运用"对比"或"统一"手法，又会造成不协调的后果，所以这些方法要在具体设计中灵活运用，贵在运用得恰如其分和恰到好处，从而达到变化与统一的艺术效果。

四、节奏与韵律

(一)节奏

节奏是指条理性、重复性、连续性的艺术表现形式，是由一个或一组要素为单位进行反复、连续、有秩序的排列，形成复杂的重复，是条例与重复组织原则的具体体现(图 5-79)。

在家具设计中,常用产品本身的形体结构、零部件的排列组合、色彩的搭配与分割等因素作有规律的重复，创造出具有节奏感的艺术效果。如图 5-80 所示的衣架利用单一形体的重复排列组合，对整体造型进行塑造。家具整体造型轻盈，体与体之间通过形体、材质的不断重复和有组织的变化体现出带有规律性的虚实效果。整件家具通过节奏的合理运用，使外部的形式产生有机的美感(图 5-81)。

(二)韵律

韵律是在节奏基础上的深化，它不仅是一种有规律的重复、有组织的变化；而且还表现出抑扬的节度和运动方向的变化，给人以韵味无穷的律动感。如图 5-82 所示椅子在设计上颇具匠心，采用坚实的金属管为材料，巧妙的利用不同的层层组合，形成一件极富韵律美感的家具造型，整个坐椅设计通过材料、结构、功能与美学结合的非常成功(图 5-82，图 5-83)。

在家具设计中，韵律是获得节奏统一的重要因素。常见的韵律有以下四种类型，见表 5-5。

表 5-5 韵律种类体现表

类型	内容
连续的韵律	有一种或几种组成部分连续重复排列。这种韵律主要是靠这些组成部分的重复或它们之间的距离重复而取得的。
渐变的韵律	连续重复的某一方面按照一定的秩序或规律逐渐变化，如逐渐长或缩短、变窄或变宽、增大或缩小等。
起伏的韵律	有波浪起伏或不规则的节奏感，都能形成起伏的韵律。这种韵律较活泼且富有运动感。
交错的韵律	各组成部分有规律的纵横、穿插或交错而产生一种韵律。这种规律更着重于彼此间的联系和牵制，因此是一种比较复杂的韵律形式。

五、稳定与轻巧

（一）稳定

家具稳定感的获得一般是其形体的重力线必须作用在支承面内，采用上小下大的形体、增加支承面积、降低重心、增加辅助支撑等办法，都可以增强物体的实际稳定，同时也可获得良好的视觉稳定。可见，家具底部的支承面积越大，重力线越靠近支承面中心，稳定性就越好。

在视觉中，如果形体安排显得上轻下重就会使人感到稳定，而对于有些家具，由于结构原因很难通过形体变化获得稳定感，则可以利用线性的对比、材质的对比、色彩和表面装饰对比等手法，增强产品下部的扩张感和稳定感，以增强视觉的稳定感。如图 5-84 所示椅子上部为塑料一次注塑而成，而下部金属组成的支架，与上部的坐面和靠背形成线与面的对比，容易产生上重下轻的感觉。为了增加整体造型与视觉的稳定感，首先在材质上进行了对比处理，相对于下部的金属，塑料给人的感觉是柔软，多变的，而金属硬度高、强度大、稳定性强；其次，座椅下部设计以斜线为主要线性，呈放射形态，增大了下部的扩张感及形体占地面积。通过一系列对比的处理，既增强了家具实际的稳定性，同时也增强了视觉上的稳定性（图 5-85）。

图 5-82 “韵律”椅

图 5-83 沙发

图 5-84 椅子

图 5-85 沙发

图 5-86 扶手椅

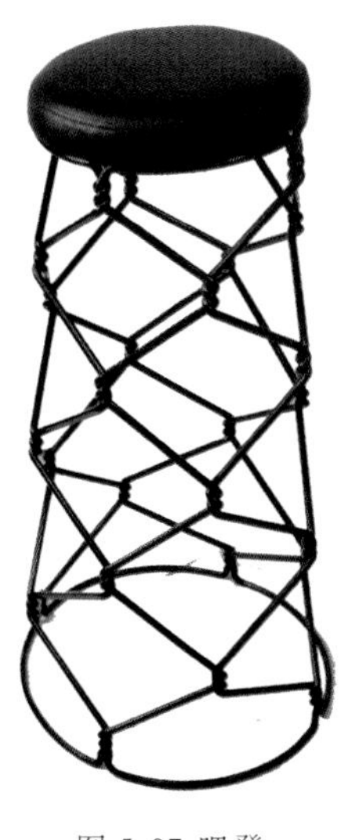

图 5-87 吧凳

（二）轻巧

轻巧是相对笨重敦厚而言的，是在稳定的外观上赋予活泼的处理手法，获得产品的轻巧感。常采用提高重心、向下逐渐收缩的形体，而对于彩度很高的现代家具，一般在产品上部大面积采用明快的色彩和光亮的材料，在底部使用小面积的深色；来获得家具的轻巧感（图5-86，图5-87）。

稳定与轻巧是获得家具产品美观所必需的美学法则之一。一般是通过线条、体量、色彩等方面表现出来的。在实际运用过程中，要将两者结合起来；例如在一些柜体家具设计中，可以把下部空间加大、还可以把封闭的实体置于下方，开敞通透的虚体置于上方，上虚下实、分别形成轻巧和稳定的视觉效果；或者通过上浅下深、上细下粗的色彩及材质肌理效果的不同以及强化局部的装饰等获得既稳重、庄严又不失轻巧、秀丽的视觉效果。如图 5-88 所示椅子的坐面与靠背造型简洁，而椅腿有意识的利用不同形态的线形设计模仿了人体腿部的各种姿态，给人以动态感，体现造型的轻巧型性，强化了椅腿的装饰性。同时在色彩上大胆的运用了红绿补色的对比，但由于面积及形体的差异，并没有产生视觉上的不协调，红色在整体和谐稳定的色彩环境中得到了加强。通过形体、色彩的对比与联系，充分的体现出整套家具的稳定性与轻巧性。

但有时，稳定与轻巧的效果不能兼得，这就应根据家具功能的要求做适当地调整，见表5-6。

因此，在家具造型设计时，要根据具体情况将稳定与轻巧结合起来，充分显示新材料、新技术的轻巧与稳定，设计出符合时代审美需求的家具产品。

六、模拟与仿生

大自然永远是设计师取之不尽、用之不竭的设计创造源泉。从艺术的起源来看，人类早期的艺术活动都来源于对自然形态的模仿与提

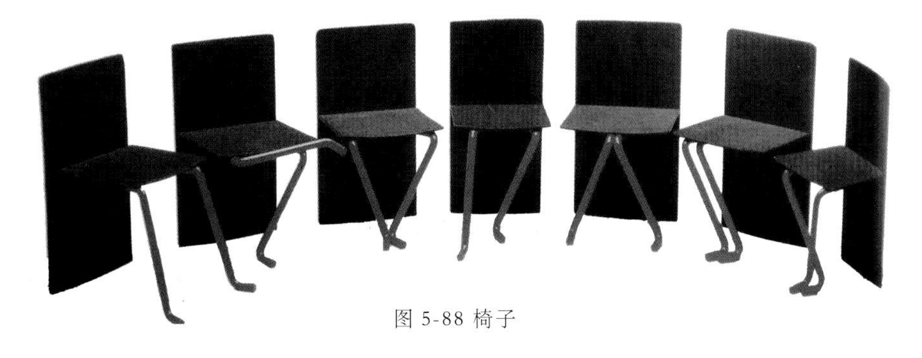

图 5-88 椅子

表 5-6 稳定与轻巧效果的调整方法表

内容	方法与效果	
形体重心	提高则轻巧	降低则稳定
腿脚设置	靠中则轻巧	靠边则稳定
下横档或底板的高度	高则轻巧	低则稳定
斜线设置	有斜线，斜度大显得轻巧	无斜线或斜度小显得稳定
表面质感	细密光滑显得轻巧	粗糙显得稳定
装饰	设置于上部显得轻巧	置于下部显得稳定

炼。家具是一种具有物质、精神双重功能的产品，在不违背人体工学的前提下，进行模拟与仿生，是家具造型设计中的又一重要手法。

（一）模拟

模拟是较为直接地模仿自然形象或通过具象的事物形象来寄予、暗示、折射某种思想情感。常见的模拟造型手法有以下三种：

1. 整体造型的模拟

家具的整体模拟是在对生物特征较为客观的认知基础上，直接进行产品化的模拟设计。既可以是具象的、直接模拟，也可以通过概括、提炼运用抽象的手法直接再现生物的个性特征。利用整体模拟手法设计的家具形态活泼、可爱、语意清晰、直白、具有较为突出的装饰感和艺术性。如图 5-89 所示桌子取名为“巴格达”，它利用金属对伊拉克首都巴格达的全貌做了整体性的表现（图 5-90）。

图 5-89 桌子

图 5-90“仙人掌”立式挂衣架

图 5-91 骨骼椅

图 5-92 休闲椅

图 5-93 儿童书架

家具整体造型的模拟设计，要求在符合家具的概念及功能、材料、人机操作等构成要素需要的同时，还要保持生物概念和形态的个性特征，尽可能从外而内，从局部细节到整体都能够较好地有机结合、协调统一。

2. 局部造型的模拟

主要运用在家具造型的某些功能构件上，如腿脚、扶手、靠背等，有时也有附加的装饰品。被模拟的对象主要以各种生物为主要表现对象，表现形式即可以为写实、也可利用夸张、抽象等手法。如图 5–91 所示中骨骼椅的设计虽然也采用了模拟的手法进行形体创作，但并不是采用直接写实的模拟手法，而是将自然界生物骨骼结构的原型，转换成独特的造型元素，运用创造性的思维和巧妙的工艺相结合，再辅以现代的设计理念，以巧妙、夸张的手法塑造形体，整件家具既有现代时尚的原创之美、又不失原始自然形态的结构之美（图 5–92）。

家具局部造型的模拟设计，除了要符合家具的概念、功能、材料、人机操作等构成要素的需要，同时还需要设计师对生物特性有敏锐、透彻的观察力和感知力，以及对生命特征的本质理解和较强的抽象思维能力，同时还要具备较高的形态创造、表现和整体把握能力，使家具造型与生物达到从形式到内容的和谐统一。

3. 结合家具功能构件的模拟

对家具的表面进行图案的装饰与形体的简单加工，这种形式多用于儿童家具或娱乐家具。它将各类生物描绘于板件上，然后对板件外型进行简单的裁切加工，使之与板材表面的图案相符合，然后再组装成产品。如将儿童床的侧面采用汽车的侧面造型，并用各种鲜艳的色彩进行涂饰处理，将车轮饰以黑色，将车身饰以红色或黄色等。这是一种难度最小最容易取得效果的模拟设计方法（图 5–93，图 5–94）。

如图 5–93 所示书架针对儿童心理的特点设计，主要从以下几个方面进行设计：

首先，以树木为模拟对象，它曲直有别、

疏密相间、高低错落，给人以生动活泼，贴近自然，外观富有生动的感觉。其次，对于年龄较小的儿童，可提高对于该事物的认知，同时还有利于锻炼儿童的观察能力。第三，通过形体的提炼造体现出趣味性，吸引儿童的兴趣，符合儿童心理发展特点。第四，在色彩方面，采用了纯色和木色相结合，通过色彩与材质的对比，使内部形体突出醒目；同时，儿童对高纯度的色彩视觉敏感度较高，可以激发视觉神经提高想象力；而且，大面积的采用木色减少对油漆的使用量，尽可能少的减少不必要的污染。

图 5-94 儿童床

运用模拟设计手法进行创造性的思维，可以给设计者以多方面的提示与启发，使家具产品的造型具有独特、生动的形象和鲜明的个性特征。

（二）仿生

仿生设计是从生物学的现存形态中受到启发，在原理方面进行深入研究，然后在理解的基础上进行联想，并应用于产品设计的结构与形态。

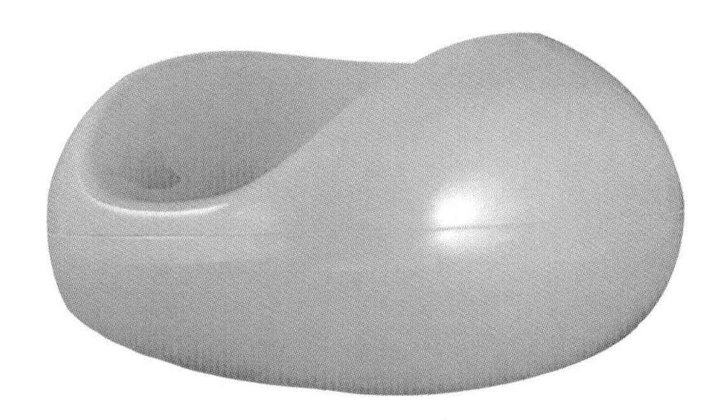

图 5-95 蛋椅

例如壳体结构便是生物存在的一种典型的合理结构。蛋壳、龟壳、蚌壳等，虽然这些壳体壁厚度很薄，但却有抵抗外力的非凡能力，设计师便利用这一原理和塑料成型工艺的新技术，制造了许多色彩丰富、形式新奇、工艺简单、成本低廉的薄壳结构的塑料椅。又如充气沙发、充气床垫就是仿照了动物内脏充气结构具有抗压、缓冲作用的原理而设计的。如图5-95所示整体造型如同一个鸡蛋，由上下两部分组成。上部壳体可以翻下来叠入下部壳体中，以节省包装运输空间，下部还可以储存物品。整件家具形式奇特、结构简单、成本低廉，利于批量化生产。如图 5-96 所示中设计师利用金属丝编织了人工的“茧”——形似蚕蛹的沙发。人置身其中，能够充分享受独处的安乐与休憩的愉悦。

图 5-96 蚕式沙发

此外，仿照人体结构，特别是人体脊椎骨结构，设计支承人体家具的靠背曲线，使其与人体背部完全吻合，无疑也是仿生原理。

表 5-7 线段的错觉

图形	视觉效果
	图形中的垂直线段显得比水平线段长，实际上两条线段的长度是一样的。
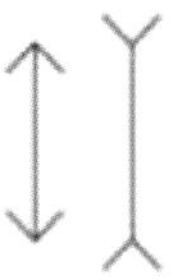	图形中有内收衬托的直线显得较短，有外延衬托的直线显得较长，时机两条线段的长度是一样的。
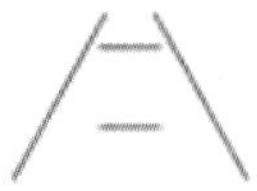	图形中两条长度相等的水平线，处于斜线上部的显得比下部的长。
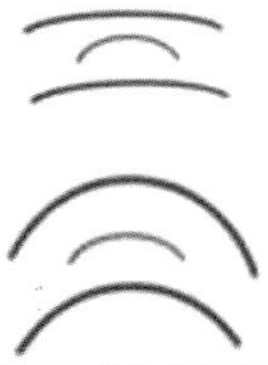	弧度相同、长短想通的曲线，在比它直的线条中显得较弯，在比它弯的线条中显得较直。
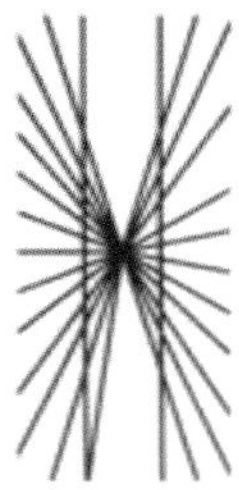	两条平行且笔直的垂直线，在放射线的作用下，显得向外弯曲。
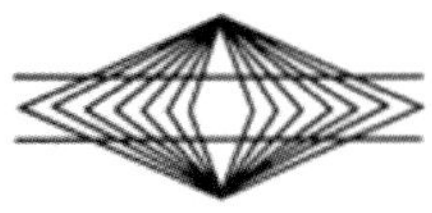	两条原本平行的线条，被一组菱形分割后，看上去不再平行，而是向内弯曲。

表 5-8 面积大小的错觉

图形	视觉效果
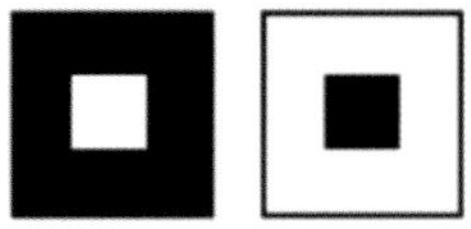	同样大小的图形，在深背景下显得较大；在浅背景下显得较小。
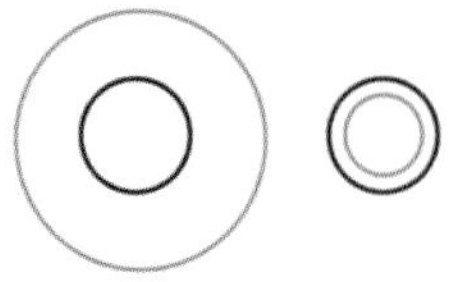	同样大小的形体，在比它大的形体中显得大。

模拟与仿生的共同之处在于模仿，前者主要是模仿某些事物的形象或暗示某种思想情绪，而后者重点是模仿某种自然物的合理存在的原理，用以改进产品的结构性能，同时也以此丰富产品造型形象。在应用模拟与仿生的设计手法时，除了保证使用功能的实现外，还应同时注意结构、材料与工艺的科学性与合理性、实现形式与功能的统一、结构与材料的统一、设计与生产的统一、使所模仿的家具造型设计能转化为产品，保证设计的成功。

七、错觉的运用

由于环境的不同，以及某些光、线条、形体、色彩的现互作用，有些图形在特定的情况下，造成视觉中的形象与对象的实际形象有所偏离，形成视觉的错视，从而引起人们对物体的知觉也发生偏差，我们把这种现象简称为错觉。

错觉可以歪曲物体形象，使家具的造型设计达不到预期的效果。因此，在设计中，首先要认识这种错觉，然后再根据需要有意识的对其进行利用和纠正，达到预想的效果。

(一) 错觉的表现

错觉主要表现在以下两个方面：

1. 线段的错觉

由于线段的方向和附加物的影响，相同的线段线会产生长短、曲直等不同的感觉，见表 5-7。

2. 面积大小的错觉

同样面积的形状由于形、色、方向、位置等因素的影响，也会给人大小不等的感觉，见表 5-8。

（二）错觉在家具造型设计中的运用

通过对一些错觉现象的了解，在家具设计中，可以通过以下几种错觉手段来矫正家具的造型：

1. 零件断面的不同，对家具大小的感觉有一定的影响

如方材与圆材，当圆柱直径与方材边长相等时，透视效果是方材比圆柱显得粗壮，这是因为方材在透视上体现的是对角线的宽度。然而采用圆柱比方材更能显示出挺秀圆润的美感效果（图 5–97）。

因此，为了避免方材的透视错觉。可将方材正方形断面的直角改为圆角或内凹形的多边形，这样可以减少对角线的长度，改变透视形象，使其具有圆柱的圆润感。

2. 利用不同方向的线进行分割，可以使高度相同的家具产生不同高度的错觉

如图 5–98 所示由于竖向线条的影响 a 显得的高而窄，其次为 b 和 c，d 由于横向线条的影响而有矮且宽的感觉。通过对比可以发现，在视觉上同样的外形尺寸，内部处理成竖向分割时显得高而窄，而处理成横向分割时则显得矮且宽。

同样，实木家具以及用木纹图案进行装饰的家具，也可把不同方向的木纹所产生的错觉加以利用；横向木纹家具显得略宽、竖向木纹家具显得略高（图 5–99）。

3. 设计尺度较大零部件时，可利用装饰脚线将零部件的表面变小

如图 5–100 所示由于衣柜门面较大，可以利用一些凹凸的装饰脚线对门面进行处理，这种处理手法可以使人产生一种整个门面比实际尺寸小很多的错觉，使其变得精美小巧，同时还有很强的装饰性。

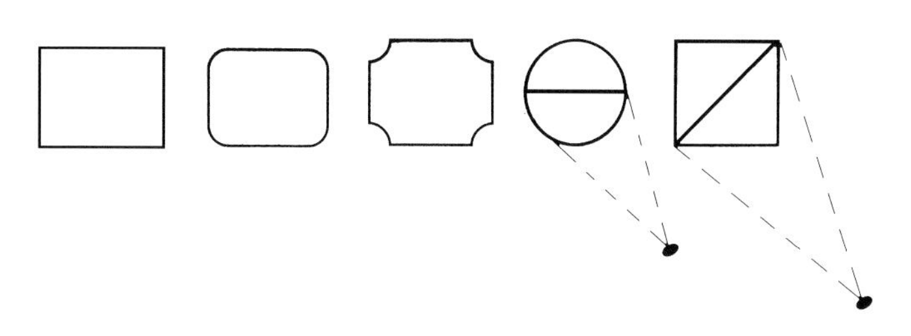

图 5-97 零件断面透视效果

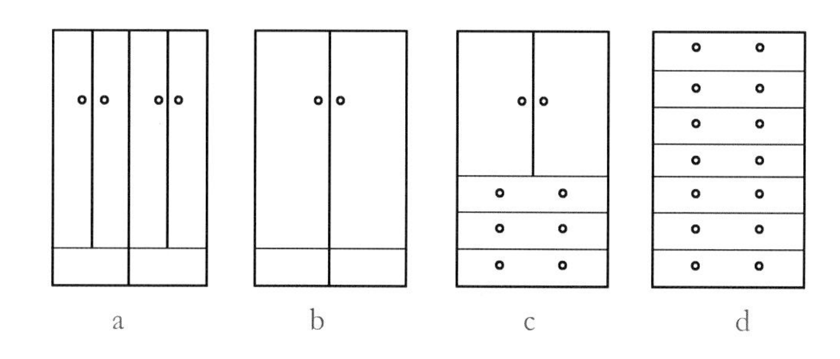

图 5-98 不同方向的线条所产生的错觉

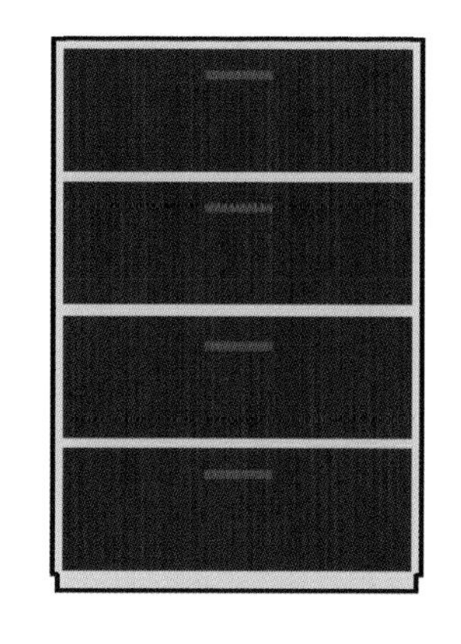
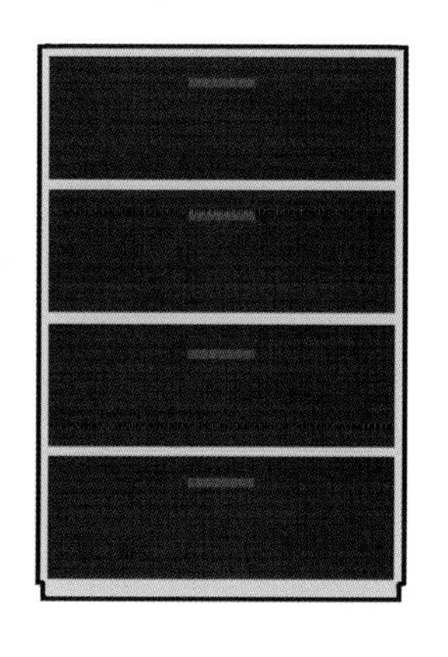

图 5-99 不同木纹方向所产生的错觉

4. 注重室内家具的透视关系

由于家具是室内的最主要陈设，而人们在使用家具时，又是站在较近的地方观察，比如柜类搁板高度的透视尺度就会出现一些小的变化，所以在设计时，应事先考虑到透视变形而加以矫正处理，人为地将尺度从上到下各层依次增高，而实际透视尺度看上去却还是比较一致，这样就可以取得较好的视觉效果。如图5-101所示人们在使用茶几时的视觉高于台面，特别是站在较近的时候，由于台面遮挡的作用，下面的搁板几乎看不见，所以在设计时应采取降低下搁板的办法，视觉效果上就不会受到遮挡了。

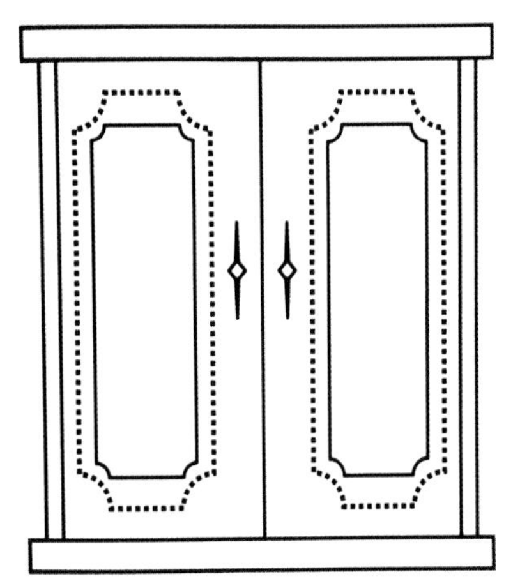

图 5-100 面积大小的错觉

图 5-101 茶几的透视变形

本章小结

本章主要从家具的形态、质感、色彩、美学形式等几个方面入手并结合图例分析，对家具造型设计进行了详细的阐述。家具造型是家具实体存在的一种基本形式，不同的家具造型都有其自身独特的艺术特点，但就其形式处理来看都有共同的艺术规律，即必须与功能、材料、生产技术、人体工程学相结合。总体来说，无论采用什么样的造型手法，任何家具都必须满足实用功能的要求，家具造型要做到形体完整、比例适当、应是审美法则的综合体现，并与所处环境协调统一。

复习思考题

1. 家具造型的形态要素包括哪几方面?
2. 家具造型设计的美学形式法则包括哪几方面?

课堂实训

1. 运用模拟与仿生的造型手法设计一套家具。

要求：设计手法不限，既可采用整体，也可局部；具象、抽象均可。

2. 运用统一、对比的造型手法设计一套家具

要求：既要体现出局部形式的特殊性，使其在整体中表现出明显的差别，还要体现出整体造型的统一性。

第六章 家具设计程序

学习要点及目标

- 本章主要介绍家具设计流程。
- 通过对本章的学习，了解并掌握现代家具的设计程序。

引导案例

家具设计必须适应市场需求、遵循市场规律，即有目的地实施设计计划的次序和科学的设计方法，严格的按照严密的次序逐步地进行，经过不断的检验和改进，最终实现设计的目的和要求。

图 6-1 一组儿童家具设计，通过设计前的市场调研发现，当今的家长愈来愈重视学龄前儿童的早期教育和智力投资，虽然学龄前儿童的各方面能力都不够成熟，但随着年龄的增长其能力一直在不断提高，该时期正处在学习能力和模仿能力很强的阶段。

经过系统的前期调研分析后，进入方案的设计准备阶段，设计灵感来源于字母与数字，孩子越早接触字母和数字。为此在教孩子字母表时，父母首先是想方设法让他将某些字母与周围的世界联系起来。比如，字母“N”像什么？对了，像桌子或是方凳。那字母“O”呢？对了，像面包圈或是圆环。这样学习也会变得轻松，据此，在英文字母与椅子、桌子、架子等之间找到了相似之处。

通过大量的草图分析确定最终的设计方案。以形态为依据以尺寸为准则制作出实体模型样品，通过对实体模型的进一步推敲，找出不足，并进行必要的补充修改，直至形成最终的产品并投放市场。

步骤一：灵感来源于字母

步骤二： 设计构想

步骤三：效果图展示

步骤四：产品实物模型

步骤五：环境使用图

图 6-1 儿童家具设计

第一节 家具设计准备阶段

一、设计定位

设计定位就是设计的目的，就是对服务对象的需求进行明确的分析，充分理解和领悟设计任务所要达到的目标与要求；同时通过对家具的品牌定位与家具市场的定位，制定出相应的设计计划，明确设计的目的和内容。这里所说的设计定位是指理论上的总的要求，更多的是原则性的、方向性的、甚至是抽象的。不要把它误认为是家具造型具体形象的确定。它只是起到在整个家具设计中把握设计方向的作用。

二、市场调查，发现问题

发现问题是家具立案阶段以至整个设计流程中最关键的一步。市场调查就是要我们去发现现有产品存在的问题，做到“知己知彼”。明白自己的优势、劣势，即拥有的设计能力及水平，知道现有产品的情况、未来 4 ~ 5 年内的设计趋势及竞争对手的设计策略和方向等。只有做到这些，才能在激烈的竞争环境占据主动。

产品决策应以设计前的调查为依据，调查是最基本、最直接、最可靠的信息依据。为了得到解决问题的正确方案，最行之有效的方法就是做大量的分析与研究，只有对市场信息进行准确的判断，才能获得设计的成功。判断设计成功与否的因素在这里主要是指市场的销售情况和消费者的接受程度。

三、调查资料的整理与分析

对所调查的资料进行整理与分析，以便于指导设计。对于调查结果，可以定量分析的应以表格的形式进行统计，其它定性分析的可以写出专题调研报告，并作出科学的结论。对于产品的样式、标准、规范、政策法规方面的资料要分类归档。

第二节 家具方案设计阶段

一、绘制方案草图

初步设计构思形成以后，需要用视觉化的语言表达出来，即草图的绘制。绘制草图的过程，就是构思方案的过程。

方案草图是设计者对设计要求理解之后设计构思的形象表现，是捕捉设计者头脑中涌现出的设计构思形象的最好方法。它不同于传统绘画中的速写，因为它不仅只是单纯的记录和表达，而且也是设计师对其设计对象进行推敲和理解的过程。由于草图是对设计物大体形态的表现，不要求很深入，目的就是要扩大构思的量，在量中求质。

设计师对众多的方案草图进行分析、比较、优化，选择若干有发展前途的构思草图，进一步明确比例尺度，做细化处理，在草图的基础上进一步发展（图 6-2）。

图 6-2 家具设计草图

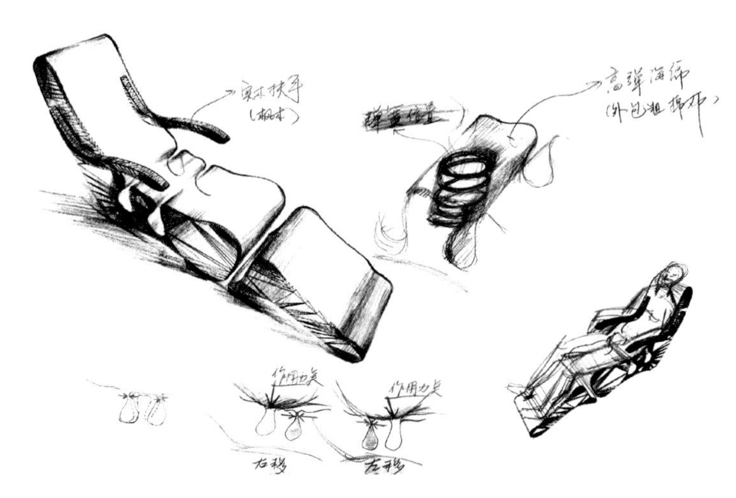

图 6-3 设计方案的展开

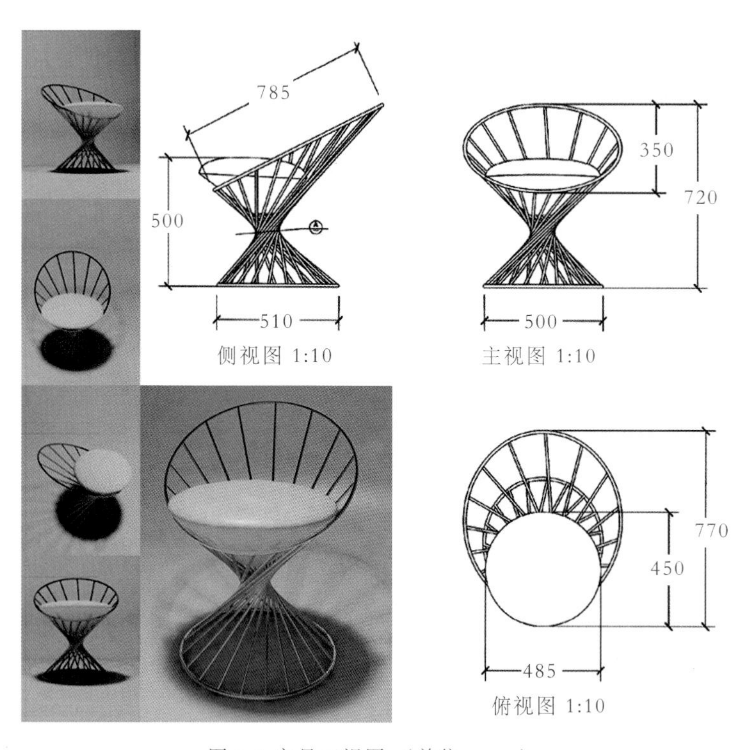

图 6-4 家具三视图 （单位：mm）

二、设计方案的展开

设计方案的展开要和设计初期构思的切入点结合起来。如设计初期构思主要是解决家具的功能问题，那么就应以针对功能为主塑造家具形态；如果在构思时主要是家具新材料的应用，那么在家具形态塑造时就以如何体现新材料的性能和优点为主（图 6–3）。

设计方案的展开是在广泛收集各种相关参考资料的基础上，从设计各专业方面去完善设计草图，使之更为具象化。包括构成家具的基本要素设计（功能、形态、色彩、结构、材料）、人机工学、加工工艺、技术支持等。

三、绘制三视图和透视效果图

这个阶段是进一步将展开后的方案具象化的过程。三视图，即按比例以正投影法绘制的正立面图（也称为主视图）、侧立面图和俯视图。三视图由正立面图（家具的正投影所得）侧立面图（家具的主要侧面投影所得）、俯视图（所画家具由上向下投影所得的图形）三个视图组成。

三视图应解决的问题是：第一，家具的形象按照比例绘出，要能看出它的体型、形态，以便进一步解决造型上的不足与矛盾；第二，要能反映主要的结构关系；第三，家具各个部分所使用的材料要明确。在此基础上绘制出的透视效果图，则能使所设计的家具更加真实与生动（图 6–4）。

在三视图中，正立面图反映家具的长和高，俯视图反应家具的长和宽，侧立面图反映家具的高和宽。由此得出三视图的特征：正立面图、俯视图长对正；正立面图、侧立面图高平齐；俯视图、侧立面图宽相等，前后呼应。

四、工作模型制作

虽然三视图和透视效果图已经将设计意图充分表达了，但是，三视图和透视图都是纸面上的图形，而且是以一定的视点和方向绘制的，这就难免会存在不全面和假象。因而，在家具设计的过程中，使用简单的材料和加工手段，按照一定的比例（通常是 1:10 或 1:5），制作出工作模型是必要的。这里的模型是设计过程的一部分，是研究设计、推敲造型比例、确定结构方式和材料的选择与搭配的一种手段。

如图 6-5 所示家具工作模型。模型具有立体、真实的效果，可以多视点观察、审视家具的造型和结构，找出不足和问题，以便进一步加以解决、完善设计。

图 6-5 家具工作模型

第三节 家具方案实施阶段

设计实施阶段就是设计创意的实现阶段，是在对设计方案进行反复分析、评价的基础上，运用一定的表现手法使设计意图得以实施的过程。

一、完成方案设计

由构思开始直到完成设计工作模型，经过反复研究与讨论，不断修正，才能获得最佳的设计方案。设计者对于设计要求的理解、选用的材料、结构方式以及在此基础上形成的造型形式，它们之间的矛盾协调，处理、解决，设计者艺术观点的体现等，最终通过设计方案的确定而全面的得到反映。设计方案应包括以下几方面的内容：

1. 以家具制图方法表示出来的三视图、剖视图、局部详图和透视效果图；
2. 设计的文字说明；
3. 模型设计。

二、制作实物模型

实物模型是在方案确定之后，制作 1:1 的实物模型。是因为它的作用仍具有研究、推敲、解决矛盾的性质。虽然，许多矛盾和问题经过确定方案的过程已经基本上解决了。但是，离实物和成批生产还有一定的差距。如造型是否全然满意，使用功能是否方便、舒适、结构是否完全合理，用料大小的一切细小尺寸是否适度，工艺是否简单，涂料色泽是否美观等，都要在制作实物模型的过程中最后完善和改进。为最后的设计定型图纸提供依据，同时为后面的产品生产和投放市场提供测试原型。

三、设计制图

设计制图是将设计方案用机械制图原理绘制成生产用图纸，是家具生产的重要依据，是按照原轻工业部部颁家具制图标准来绘制的。它包括总装配图、零部件图、加工要求、材料等。图纸按照家具的样式来绘制，以图纸的方式固定下来，以保证家具与样品的一致性和产品的质量。一般在校学生做到方案设计完成阶段就可以了。

在家具的实际设计过程中，科学化、条理化地遵循以上的这些步骤，可以起到事半功倍的作用，抓住事物的本质，对设计出充分满足人们需求的家具产品起着极大的帮助。

本章小结

本章详细分析了家具设计的流程，并对每一阶段进行了详细地阐述。使读者了解到家具设计程序在不同阶段过程中是相互交错、相互联系的，是以整体设计为前提，搜索、生成备选方案的过程，是我们为了实现，某一设计目的，对整个活动的策划安排。它是依照一定的科学规律安排合理的工作计划，每个计划都有自身要达到的目的，而各个计划的目的结合起来也就实现了整体的目的。

复习思考题

1. 家具设计的程序的包括哪些方面?
2. 市场调查的作用是什么?

课堂实训

1. 实地考察家具市场，任选一种家具（如板式家具），分析特点。
要求：罗列出相关的问题（外观、功能、质量、安全性、价格等），以问卷调查的形式对家具市场进行考察。统计问卷结果，写出专题调研报告，并作出科学的结论。
2. 结合具体的家具设计课题，完成一套完整的家具方案设计。
要求：设计草图、设计效果图、三视图、剖视图、设计说明，并以设计图纸为依据，制作出 1：1 的实物模型。

参考文献

[1] 康海飞 . 家具设计资料图集 . 上海：上海科学技术出版社， 2008

[2] 贾斯珀・莫里森，米凯莱・卢基等编著 . 家具设计 . 北京：中国建筑工业出版社， 2005

[3] 中国艺术品收藏鉴赏全集编委会 . 古典家具 . 吉林 : 吉林出版集团有限公司，2007

[4] 张彬渊 . 现代家具和装饰—款式与风格 . 江苏：江苏科学技术出版社，1999

[5] 孙亚峰 . 家具与陈设 . 南京：东南大学出版社，2005

[6] 曾延放，覃丽芳，李宁 . 家具设计与制作 . 广西：广西科学技术出版社，1999

[7] 张品 . 室内设计与景观艺术教程——室内篇 . 天津：天津大学出版社，2006

[8] 于伸，万辉 . 家具造型艺术设计 . 北京：化学工业出版社，2009

[9] 牟跃 . 家具与环境 . 北京：知识产权出版社，2005

[10] 李凤崧 . 家具设计 . 北京：中国建筑工业出版社，1999

[11] 费飞 , 刘宗明 . 家具设计 . 南京：东南大学出版社，2010

[12] 吴智慧，李吉庆，袁哲 . 竹藤家具制作工艺 . 北京：中国林业出版社，2009

[13] 吴智慧，徐伟 . 软体家具制作工艺 . 北京：中国林业出版社，2008

[14] 李重根 . 金属家具工艺学 . 北京：化学工业出版社，2011

[15] 孙祥明，史意勤 . 家具创意设计 . 北京：化学工业出版社，2010

[16] 朱钟炎，王耀仁，王邦雄，朱保良 . 室内环境设计原理 . 上海：同济大学出版社，2003

[17]《建筑师》编辑部 . “建筑师杯”首届全国家具设计大赛获奖作品集 . 北京。中国建筑工业出版社，2001